FORSCHUNGSBERICHTE DES LANDES NORDRHEIN-WESTFALEN

Nr. 1679

Herausgegeben
im Auftrage des Ministerpräsidenten Dr. Franz Meyers
von Staatssekretär Professor Dr. h. c. Dr. E. h. Leo Brandt

DK 676.81.054.004.1

Dr.-Ing. habil. Hans Klingelhöffer

Papiertechnische Stiftung, München

Die Faltvorbereitung von ein- und mehrlagigen Vollpappen und die Rillung von Wellpappen

Springer Fachmedien Wiesbaden GmbH

ISBN 978-3-663-06092-5   ISBN 978-3-663-07005-4 (eBook)
DOI 10.1007/978-3-663-07005-4

Verlags-Nr. 011679

© 1966 by Springer Fachmedien Wiesbaden
Ursprünglich erschienen bei Westdeutscher Verlag 1966.

Gesamtherstellung: Westdeutscher Verlag ·

Inhalt

1. Zweck der Faltvorbereitung ... 7
   Falten von Papier ... 7
   Möglichkeit einer Faltvorbereitung ... 8
   Eingliederung in den Produktionsablauf ... 10

2. Technologie der Rillverfahren ... 11
   Vorgang des Rillenprägens ... 12
   Rillenfalten ... 12
   Rillenstauchen ... 14
   Ritzen ... 16

3. Rillfähigkeit der Vollpappen ... 17
   Handversuche, Wulstbildung ... 17
   Spielraum für Maschineneinstellungen ... 18
   Rillbereichs-Diagramm ... 19
   Laboratoriumsgeräte ... 20

4. Technische Bewertung einer Rillinie ... 24
   Maßgenauigkeit ... 24
   Festigkeit von Rillinien ... 26
   Aufteilung des Biegewulstes ... 28

5. Schachtelkantenverhalten ... 30
   Knickung der senkrechten Kanten ... 30
   Kantenstauchfestigkeit ... 30
   Ausbeulen der Seitenflächen ... 33

6. Wellpapp-Rillvorrichtungen ... 35
   Richtungsabhängigkeit ... 35
   Profil der Rillscheiben ... 37
   Rillversuche ... 38

7. Mehrstufige Wellpapp-Rillung ... 40
   Maßverhältnisse ... 40
   Reaktion des Wellpappenaufbaus ... 41
   Aufteilung der Rillung ... 41

Literaturverzeichnis ... 43

1. Zweck der Faltvorbereitung

Das **Falten von Papier** gehört zu den grundlegenden Arbeitsverfahren. In der Buchbinderei, in Sack- und Beutelfabrikation und in anderen Papierverarbeitungsbetrieben werden hierzu verschiedene konstruktive Möglichkeiten ausgenutzt. Teils handelt es sich um einfaches Umlegen von Endklappen z. B. beim Schließen von Verpackungen auf Abfülleinrichtungen. Durch Klebstoffe wird die Endstellung fixiert. In anderen Fällen wird die Faltstelle z. B. zwischen Druckwalzen »gefalzt« und damit eine bleibende Verformung erzielt. Für Papiere mit einem Flächengewicht unter 150 g/m² kann in der Regel bei genauer Einstellung der Werkzeuge und Papierführung eine einwandfreie Faltung erreicht werden. Für stärkeres Material treten Schwierigkeiten auf, die geradezu als technologisches Kriterium für die Unterscheidung von Papier und Karton dienen könnten [1]. Wird nämlich Karton und erst recht Vollpappe den Faltbeanspruchungen ohne weiteres ausgesetzt, dann scheitert der praktische Betrieb an folgenden Fehlern:

a) *Aufplatzen der Außenlagen* wegen Überschreitens ihrer Dehnfähigkeit, zumal die Innenlagen in einem Wulst sich aufstauchen und so bereits die mittlere Lage zur

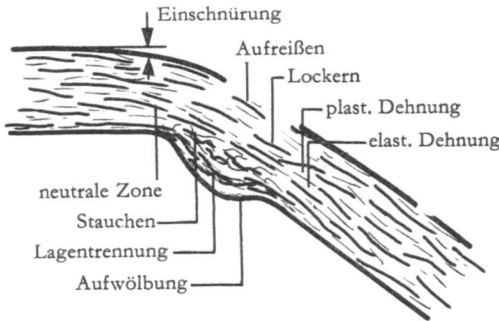

Abb. 1 Einzelvorgänge beim Falten

Verlängerung zwingen. Die Abb. 1 weist noch auf weitere Einzelheiten hin, die je nach Pappensorte, Dicke, Raumgewicht, Faserzusammensetzung und Faserorientierung mehr oder weniger von Belang sind. Bei gestrichenen und lackierten Papieren, ebenso bei Kaschierfolien auf der Außen- oder Innenseite ist zusätzlich das Verhalten dieser Schichten zu beachten: Dehnbarkeit, Steifigkeit und Haftung an der Unterlage. Durch besondere Rohstoff- und Herstellungsbemühungen kann die Biegbarkeit z. B. für Kofferpappen verbessert werden. Dementsprechend kann man sie mit dem Pappenbiegeprüfer NAUMANN-SCHOPPER beim Falten über eine scharfe Kante durch die Biegebruchwinkel kennzeichnen [2]. Die Versuchsanordnung ist hierbei so getroffen, daß die neutrale Zone mit der inneren Oberfläche der Probe zusammenfällt. Auch weniger grob sichtbare Schäden können als Vorstufe zu Gebrauchsmängeln angesehen werden. Das Prüfgerät zeigt die Faserlockerung im Biegeversuch durch das Abfallen des Biegemoments an.

b) *Maßungenauigkeit der Faltkante*, sowohl in Lage und Richtung der mittleren Faltgeraden als auch von kleineren Schwankungen der tatsächlichen Faltlinie um die mittlere Faltgerade. Dieser Mangel ist wieder einerseits als Beeinträchtigung des Aussehens zu werten und andererseits als technischer Fehler in bezug auf Maßtoleranzen. Durch eine knappe, beidseitige Halterung neben der beabsichtigten Faltlinie läßt sich zwar das Ausweichen der Faltlinie begrenzen, aber die konstruktive Lösung wird um so schwieriger, je dicker die Pappe ist und je mehr der entstehende Innenwulst berücksichtigt werden muß. Zufällige örtliche Verschiedenheiten der Biegesteifigkeit verlegen die ersten Knickansätze an eine unausgerichtete Reihe von Punkten, zwischen denen die endgültige Faltlinie verläuft.

Die **Möglichkeit einer Faltvorbereitung** durch vorgeschaltete Arbeitsgänge ist eine Besonderheit der Pappenverarbeitung. Die im ganzen erwünschte Steifigkeit der Pappe wird an genau festgelegten Biegelinien so herabgesetzt, daß die Faltung maßgetreu, geradlinig, ohne Beeinträchtigung der benachbarten Flächenteile und mit möglichst geringem Festigkeitsverlust gelingt. Werden diese Forderungen erfüllt, so wird auch das Aussehen der Faltkanten einwandfrei sein. Diese Schwächung der Biegesteifigkeit geht entweder auf eine Materialschwächung, also in der Regel eine Lockerung der Faserbindung oder des Zusammenhalts der einzelnen Faserlagen zurück, oder man schwächt die Pappe gegenüber Biegebeanspruchungen durch die Formgebung. Auch eine Platte mit homogenem Gefüge konzentriert die Spannungslinien beim Einwirken von Biegekräften an einer Unregelmäßigkeit, wie sie etwa eine Querwelle darstellt (Abb. 2).

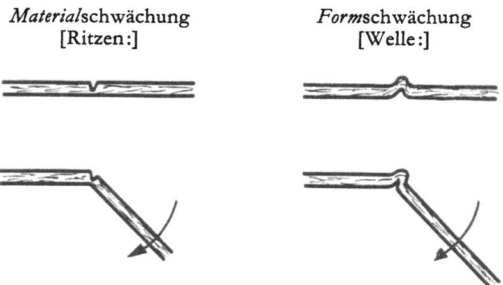

Abb. 2 Festlegung der Biegelinie im vorbereiteten Arbeitsgang

Inwieweit eine bestimmte Art der Faltvorbereitung bei einem Probestück ihren Zweck erfüllt, läßt sich wenigstens vergleichsweise demonstrieren. Die Beobachtung der »Gelenkigkeit« der Biegelinie, d. h. des Verhältnisses des Biegewiderstands an der Rillinie zu dem in der nicht vorbearbeiteten Umgebung kann in einer beliebigen Stauchvorrichtung auch ohne Meßgerät erfolgen. Die in

Abb. 3 Faltproben unter der Stauchpresse

ungerilltes Muster

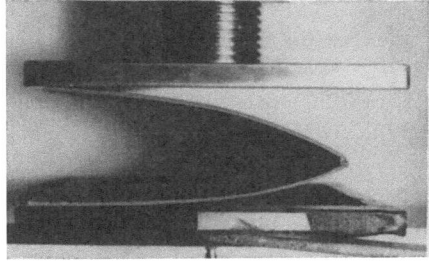

Remusverfahren, Außenwulst

Remusverfahren, Innenwulst

Abb. 3 wiedergegebenen Formen von Faltmustern können sogar als Grundlage einer mathematischen Bestimmung der örtlichen Steifigkeitsverteilung dienen. Ungefähr gilt, daß die

$$\text{Steifigkeitszahl} = E \cdot I = \text{Elastizitätsmodul} \cdot \text{Trägheitsmoment}$$
$$= \frac{M}{\varrho} = \text{Biegemoment} : \text{Krümmungsradius}.$$

Man kann auch ohne theoretische Auswertung aus den Bildern ablesen, wo sich eine vergleichsweise hohe Steifigkeit durch schwache Krümmung anzeigt und welchen Widerstand die Biegelinie gegen die Faltung bietet. In dem gezeigten

Beispiel fällt die gute Beweglichkeit des Innenwulstes auf. Bei den gewählten Abmessungen führt der Außenwulst schließlich zu erheblich größerer Beanspruchung der Pappe neben der Rillinie. Ohne Faltvorbereitung sind sowohl der breite Krümmungsbereich wie die daraus folgende Unsicherheit bei der Festlegung der Knickstelle zu ersehen.

Der zusätzliche Arbeitsvorgang der Faltvorbereitung wird erst durch eine reibungslose **Eingliederung in den Produktionsablauf** wirtschaftlich. Pappen und Karton werden im allgemeinen als Stapel mit transportgünstigen Maßen vom Hersteller oder Großhändler geliefert, schwächere Sorten etwa unter 600 g/m² auch als Rollen. Hieraus stellt der Verarbeitungsbetrieb Zuschnitte her, die durch Falten, Heften und andere Verfahren ihre Gebrauchsform, z. B. als Versandschachteln erhalten. Die Faltvorbereitung ist ohne zusätzliche Zeiten nur mit dem Schneiden zu verbinden. Als Beispiele seien vorweggenommen:

a) Rillenprägen durch Bandstahlwerkzeug gleichzeitig mit Stanzen,
b) Patentrillapparat aufgebaut auf Kreisschere,
c) Wellpapprillung zusammen mit dem Längsschneiden quer zur Riffelung, zusammen mit dem Schlitzen längs zur Riffelung.

Technologische Gefahren könnten aus der Beeinflussung der Schnittgenauigkeit durch den Rillvorgang erwachsen. Tatsächlich werden bis heute die besten Rillverfahren (Rillenstauchen) durch Sondermaschinen ausgeführt. Eine Aufgabenkopplung ist immerhin auch dabei durch die Maßfestlegung beim Rillen gegeben, womit das Falten selbst nur noch ein Vollzugsvorgang ohne eigentliche Schwierigkeiten wird.

Eine andere Problematik, die vom betriebswirtschaftlichen in den technischen Bereich herüberreicht, liegt in der Wahl von taktweiser (intermittierender) oder kontinuierlicher (rotierender) Verarbeitungsverfahren. Vom technologischen Standpunkt sind wohl immer die taktweisen Vorgänge leichter zu beherrschen, im übrigen ist es Sache der Maschinenkonstruktion, auf diesem oder jenem Weg eine Lösung zu finden, die einen stetigen Materialfluß vor und nach der Rillmaschine gestattet. In diesem Zusammenhang ist auch auf das Problem des Werkzeugverschleißes und des dann notwendigen Werkzeugwechsels hinzuweisen. Leider fehlen hier noch Versuche, die als Grundlage der weiteren Entwicklung dienen könnten [3]. Vorerst wird es Sache der sorgfältigen Maschinenwartung [4] bleiben, Verbesserungen der Standzeiten zu erzielen.

2. Technologie der Rillverfahren

Zur Herstellung der Biegelinien dienen verschiedene Verfahren. Sie sind schematisch in Abb. 4 zusammengestellt. Man erkennt, daß die Eignung der Pappensorte eine wesentliche Rolle im Rahmen der wirtschaftlichen und technischen Gesichtspunkte spielt. Der Begriff »Verarbeitbarkeit« umfaßt hier Anforderungen an Rillfähigkeit, Stauchfähigkeit u. a., an Toleranzbereiche der Werkzeuge,

Rillenprägen

intermittierend:　　　　　　　　　　rotierend: »Rillendrücken«
z. B. Bandstahlrillung　　　　　　　z. B. Wellpapp-Rillung

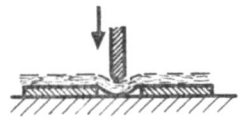   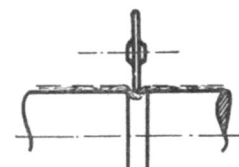

Rillenfalten

intermittierend:　　　　　　　　　　rotierend: »Rillenheben«

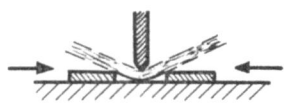   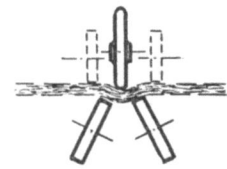

Stauchen

intermittierend:　　　　　　　　　　rotierend: »rotierend Biegen«
z. B. Remusverfahren　　　　　　　z. B. Bobst-Verfahren

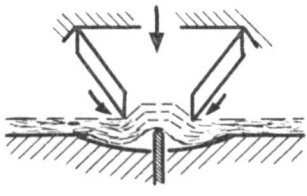   

Abb. 4   Rillverfahren

innerhalb deren ein geringer Ausschuß wahrscheinlich ist, und an die konstruktive Anpassung der Verfahren selbst. Die Klärung solcher Zusammenhänge hat vor allem Bedeutung bei veredelten Pappen. Die Imprägnierung, Kaschierung oder chemische Behandlung berücksichtigen zunächst nicht die Verarbeitungsanforderungen, sie widersprechen ihnen sogar meist. Andererseits kann das Rillen und Stauchen die veredelnde Wirkung, z. B. die Naßfestmachung beeinträchtigen. Schließlich kommt in Frage, dem Wunsch nach guter Verarbeitbarkeit durch entsprechende Wahl der Pappenschichten sich anzupassen. Die sachliche Voraussetzung ist die Analyse der technologischen Möglichkeiten.

Der **Vorgang des Rillenprägens** scheint zunächst nur den Bereich über der Nut zu betreffen und dort zu einer Faserverlagerung innerhalb der möglichen Dehnung zu führen. In Wirklichkeit ist aber in recht unübersichtlicher und wechselnder Weise auch die Umgebung der Rillstelle in Mitleidenschaft gezogen. Die Reibung an der Nutkante hängt von deren Schärfe, also auch Abnutzung ab. Neben dem Rillwerkzeug drücken in der Regel mehr oder weniger harte Gummistücke auf die Pappe, die einen Werkstoff-»Einzug« von der Seite her gestatten. Werden gleichzeitig parallele Rillinien geprägt, dann entstehen zwischen diesen Spannungen, die nach Beendigung des Arbeitsvorgangs zum Teil wieder zurückfedern. Das wird auch den Oberflächenspannungen im Nutgrund gelingen, aber es bleibt bei passenden Werkzeugmaßen doch eine Schwächung des Faserverbands in der Rillinie zurück, eine Materialschwächung gemäß Abb. 2, die zusammen mit der Formschwächung die Faltlinie festlegt.

Auf die konstruktive Ausführung unter Verwendung einzelner Rillschwerter, mehrfacher Rillschienen und vor allem von Bandstahlwerkzeug soll hier nicht näher eingegangen werden, zumal wertvolle Angaben in der Literatur zu finden sind [5]. Dagegen muß auf die grundsätzlich abweichenden Verhältnisse beim Rillen mit rotierenden Scheiben hingewiesen werden. Rotierende Werkzeuge erfassen jeweils nur einen kleinen, fast »punktförmigen« Bereich, so daß die Spannungszustände im Zuschnitt sich beim Durchlauf ständig ändern. Zu Beginn wird in den Rand eines verhältnismäßig sehr flächensteifen Bogens eine kerbartige Dehnstelle gearbeitet, dann halten sich die Flächenspannungen vor und nach der Rolleneingriffsstelle oft durch Auswölbungen der Pappe das Gleichgewicht, und schließlich erweitert sich der Einzugsbereich der Werkzeugkräfte nach der Endkante des Zuschnitts hin. Diese technologischen Unterschiede beim Rillen innerhalb des gleichen Bogens betreffen einen Umformungsvorgang von ungewöhnlicher Geschwindigkeit. Aus der Länge des Verarbeitungsbereiches, der bei stehender Maschine optisch etwa abzuschätzen ist, und der Maschinengeschwindigkeit berechnet man Rillzeiten, die unterhalb $1/100$ Sekunde liegen, während intermittierende Verfahren meist innerhalb einiger $1/10$ Sekunden einwirken, also wesentlich langsamer.

Das **Rillenfalten** ist zwar auch taktweise möglich, hat aber als rotierendes Verfahren größere Bedeutung, insbesondere wenn man die Verarbeitung unter dem Patentrillapparat [6] hierzu rechnet. Er geht von einem 1894 - KARL KRAUSE durch DRP 77 239 - patentierten Grundgedanken aus, der zu rillenden Pappe zwischen den Schneiden von zwei schräggestellten Rillscheiben einen »weiten

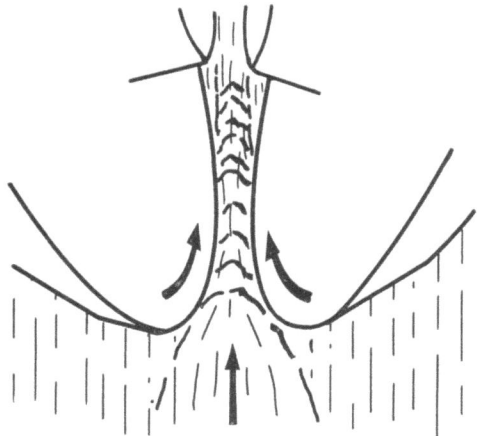

Abb. 5   Rillenfalten unter dem Patent-Rillapparat

Eingang und einen engen Ausgang« zu bieten. Die Abmessungen und Einstellbereiche sind üblicherweise so gegeben, daß damit keine Materialstauchung eintritt, sondern ein Hinfalten der Pappe an die gegenüberliegende Zungenscheibe (Abb. 5). Die Werkzeugmaße können der Dicke der zu verarbeitenden Pappe angepaßt werden durch

a) Höhenverstellung des in der Halterung geführten Gleitstücks,
b) Schwenkung der Rillscheibenlager z. B. mittels Exzenterbolzen.
c) Zungenscheiben mit verschiedenen Durchmessern und Dicken lassen das Profil der Rillmuffe ändern. Diese trägt zu beiden Seiten der Zungenscheibe Gummieinlagen, die allerdings erst bei schärferer Rillung zum Tragen kommen.

Während beim Rillenprägen die Faltvorbereitung den Umweg über einen Prägevorgang (Dehnung + Flächenpressung) einschlägt, ist das Rillenfalten – wie der Name zum Ausdruck bringt – eigentlich dem Falten selbst nahe verwandt. Auch hier können sich zwischen Rill- und Zungenscheibe alle Stufen der Faltbeanspruchung einstellen, die in Abb. 1 aufgezählt wurden. Günstigere Bedingungen können gegenüber dem freien Falten durch die vorsichtig begrenzten Krümmungsradien eingehalten werden, so daß in den meisten Fällen unter dem Rillwerkzeug in kleinstem Bereich Faltwinkel ohne Oberflächenschäden erzielt werden, die bei freier Faltung unerreichbar wären. Die endgültige Faltung nach ihrer Vorbereitung durch den Patentrillapparat macht einen Teil der Pappenverformung wieder rückgängig (Abb. 6) und steigert die schon vorgebildete gleichsinnige Krümmung soweit nötig.

Ein zusätzlicher Faltvorgang wird in der sogenannten Vorbrechvorrichtung von Faltschachtelklebemaschinen auch als neuer Arbeitstakt zwischen Rillenprägen und dem »Aufstellen« der Schachtel in der Verpackungsmaschine eingeschoben. Das nur angedeutete Rillenprägen muß zum knapp geführten Vorbrechen um

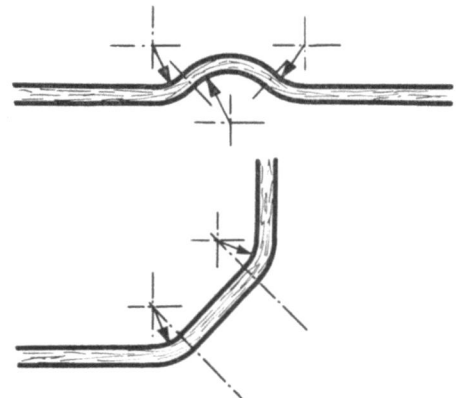

Abb. 6   Wiederauffalten des Wulstes

180° ausreichen. Die Materialschwächung sichert dann die gute Faltung der wieder in die ebene Lage zurückgebogenen Kante auf der weniger sicher führenden Abfüll- und Schließmaschine.

Das schonende Rillenfalten hat zwei in Materialeigenschaften begründete Schwierigkeiten, die das Rillenprägen und Rillenstauchen umgehen: bei zu geringer Einwirkung bleibt die Pappe so elastisch, daß das Rillprofil nach dem Durchlauf wieder verlorengeht. Die Rillung ist dann nicht ausgeprägt genug, um sicher in der Faltschachtelklebemaschine den Faltvorgang zu beherrschen. Wird dagegen eine tiefe Rillung angestrebt, so überschreitet man schon bei der Faltvorbereitung bald die Grenzen störungsfreier Faltung, und es treten Risse auf dem Wulstrücken und zerquetschte Oberflächenstreifen neben dem Wulst auf.

Das **Rillenstauchen** zielt zunächst auf eine bleibende Strukturänderung im Pappenaufbau. Sowohl das REMUS-Stauchverfahren wie das heute wichtigere Rotierend–Biegen stauchen dazu die Pappe an der späteren Faltlinie so stark, daß sich die einzelnen Faserschichten voneinander trennen. Es entsteht eine Art Scharnier, dessen Bänder in sich durchaus noch die ursprüngliche Festigkeit behalten können. Während des Stauchens werden die Schichten nach einer Seite

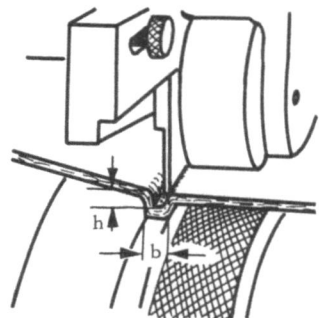

Abb. 7   Einstellmöglichkeiten des Rotierend-Biegens

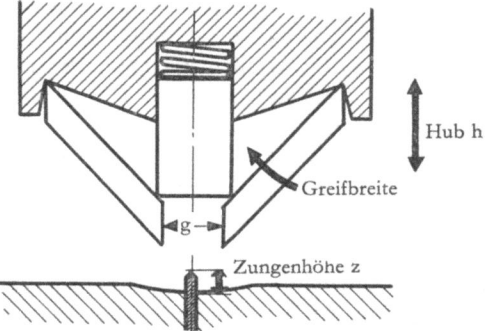

Abb. 8   Einstellmöglichkeiten des REMUS-Verfahrens

als sauberer Wulst aufgewölbt. Nach dem Falten kann dieser nach innen oder außen zu liegen kommen.

Für das rotierende und intermittierende Verfahren sind in Abb. 7 und 8 die wesentlichen Maschineneinstellmöglichkeiten angegeben. Je nach der Bauart sind stetige oder stufenweise, gut oder schlecht ablesbare Richtwerte einzuhalten. Leider entsprechen sie nur mittelbar den Maßen, die am fertigen Biegewulst zu überwachen sind. Dies liegt an

a) verschiedener Härte der Pappe, also am verschieden starken Nachgeben unter den Stauchbacken bzw. unter der Rillzunge,
b) verschiedener Glätte der Pappe, also verschieden frühem Bewegungskontakt zwischen gleitendem Werkzeug (Stauchbacken bzw. Stauchscheiben) und Material
c) verschiedener Rückfederung des Wulstes nach Entnahme aus der Maschine.

Für das REMUS-Verfahren kann der Zusammenhang noch an Hand der Abb. 9 erläutert werden. Die Greifbreite g der Stauchbacken ist stetig einstellbar. Mit diesem Abstand setzen die Stauchbacken bei der Abwärtsbewegung des Querbalkens auf die Pappe auf. Wenn diese sich nicht wesentlich zusammendrücken läßt und die oft vorhandenen Abstützfedern der Unterlage nur für Überlastungsfälle gedacht sind, dann bewegen sich die Schneiden entsprechend dem Diagramm bis zu dem eingestellten Tiefstpunkt der Abwärtsbewegung h zu kleineren Stauch-

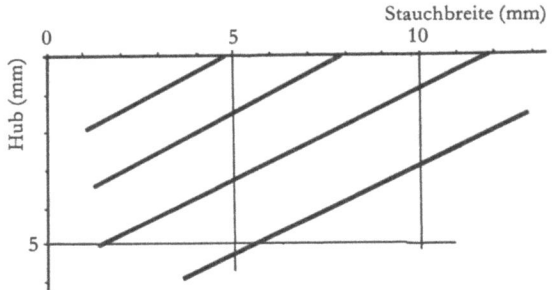

Abb. 9   Zusammenhang zwischen Greifbreite, Stauchbreite und Hub

breiten hin. Dabei wird allerdings vorausgesetzt, daß die Schneiden nicht über die glatte Pappenfläche gleiten, sondern diese durch Reibung sicher erfassen. Man erkennt daraus den Spielraum zwischen Maschineneinstellung und Pappenverformung, wobei dieser Zusammenhang noch von den verschieden wählbaren Zungenhöhen beeinflußt wird.

Das Rotierend-Biegen hat mit ähnlichen Fragen zu tun, wenn auch nur zwei Stellgrößen gegeben sind, nämlich Kleinstabstand b der Rillscheiben und Zungenhöhe h. Die Wirkungsweise der Rotationsbiegemaschine bringt es mit sich, daß die Einstellmaße nicht eindeutig wirken, sondern sich sowohl gegenseitig als auch je nach der Pappenart modifizieren. Eine weiche Pappe wird trotz der Führungsflächen frühzeitig zwischen die Stauchscheiben gebogen und daher stärker gestaucht als eine glatte, steife Pappenart, die eine tiefere Zungeneinstellung nicht vertragen würde.

Das **Ritzen** von Pappen ist ebenfalls zu den Faltvorbereitungen zu rechnen. In gewisser Beziehung kann es sogar als der übersichtlichste Weg bezeichnet werden, da die Schwächung des Materials einfach durch einen mehr oder weniger tiefen Einschnitt durch den Pappenquerschnitt bewirkt wird und so mit äußerster Schärfe die Faltstelle fixiert ist. Dennoch bewährt sich dieses Verfahren für Versandschachtel-Vollpappen nur in Sonderfällen. In der Regel entstehen Schwierigkeiten durch unsauberes Einreißen oder Spalten der Faserlagen beim Falten und durch mangelnden Gebrauchswiderstand der aufklaffenden Kanten. Besser angepaßt wären innen beschichtete oder kunststoffkaschierte Pappen [7], bei denen eine tiefe Ritzung fast nur die feste, elastische Innenlage als ideales Gelenk übrig läßt. Hierbei sind größte Genauigkeiten erreichbar, wie sie z. B. für Innenverpackungen erwünscht sind, um diese ohne Spielraum in die Umverpackung einschieben zu können.

3. Rillfähigkeit der Vollpappen

Die Eignung einer Pappe für ein bestimmtes Verarbeitungsverfahren kann endgültig erst im praktischen Betrieb beurteilt werden. Andererseits werden sinngemäße **Handversuche** eine erste Abschätzung gestatten. So kann man zwischen zwei Pappenproben, die zur Rillenprägung vorgesehen sind, z. B. einen Spiralbohrer legen, die Pappen zusammenpressen und die Güte der eingeprägten Verformung abschätzen. Das Prägebild soll formgetreu bleiben, die betroffenen Oberflächenstellen dürfen nicht aufreißen, selbst an den Profilstellen der Schneidkante nicht. Beim Falten soll der glatte Bohrerschaft eine brauchbare Vorbereitung besorgt haben. Die Möglichkeit des Rillenfaltens kann nach Beobachtung einer einfachen Faltung über ein scharfkantiges Lineal (lange Messerschneide) vorausgesagt werden; eine Abbiegung um 60° ist ohne Aufplatzen der Oberfläche erwünscht, die Rückfederung soll nicht zu groß sein. Die Stauchfähigkeit läßt sich durch einen anderen Handversuch prüfen (Abb. 10): man bemüht sich, unter festem Stauchdruck die Probe hin und her zu biegen, ohne daß die Decklagen reißen. Im allgemeinen trennen sich bald die Lagen einzeln oder in Gruppen. Man

Abb. 10 Hand-Stauchversuch

erkennt, ob diese gleichartig sind oder sich in Steifigkeit, Dehnbarkeit und Verfilzung unterscheiden. Der jeweilige Feuchtigkeitsgehalt beeinflußt das Ergebnis. Wenn die Aufspaltung der Lagen nicht gelingt, so ist zwar auch in der Verarbeitungsmaschine keine befriedigende Rillenstauchung zu erwarten, selbst wenn die Rillinien auf andere Weise, etwa nach Art des Rillenprägens, behilflich sind. Nebenbei ist darauf hinzuweisen, daß die für die **Wulstbildung** beim Rillenstauchen wichtige, dagegen nach dem Ritzen gefährliche Lagentrennung auch meßtechnisch erfaßt werden kann [8]. Der Materialwiderstand ist durch die Faserbindung nach dem Aufgautschen der nächsten Lage in der Pappenmaschine vorgegeben, kann aber durch Imprägnierungen erhöht oder erniedrigt werden. Die Messung geht (Abb. 11) aus von

a) Zugversuch: Das kleine Probestück wird mit Hilfe von zweiseitigem Klebeband an Halteklötze befestigt, die im Zerreißgerät belastet werden. Der Lagenfestigkeitswert entspricht der schwächsten Stelle.

b) Spaltversuch: Während der Zugversuch eine gleichmäßige Lastverteilung anstrebt, kann auch eine von der Kante ausgehende Spaltung zur Meßgrundlage gemacht werden. Man benutzt beispielsweise ein Pendelschlaggerät, das die gesamte Spaltarbeit bestimmt, um eine Probe von 2,5×2,5 cm² durch ein aufgeklebtes Winkelstück abzuheben. Die Spaltung erfolgt an der schwächsten Stelle oder an einer vorher leicht angeritzten Höhe.

c) Biegeversuch: Dieser entspricht technologisch am besten der Beanspruchung beim Rillenstauchen, weil er die Scherfestigkeit des Materials erkennen läßt. Allerdings ist die Ausführung, z. B. mit Zusatzteilen zum Mullen–Berstdruck–Prüfer nicht ganz übersichtlich, man wird je nach der Materialsteifigkeit auch Zugkräfte in Betracht ziehen und die Spaltung an der nachgiebigsten Stelle erwarten. Manche Lieferbedingungen vereinbaren auch sogenannte Daumendruckproben, die genau der Skizze c in Abb. 11 entsprechen.

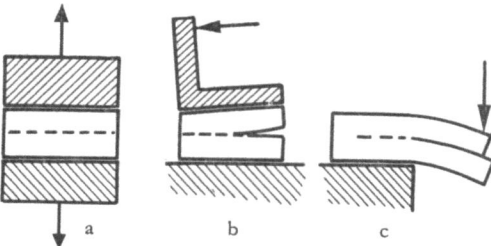

Abb. 11 Lagentrennung durch Zug (a), Spaltung (b) und Scherung (c)

Neben der prüftechnischen Bewertung der Pappen zielt die Kennzeichnung der Rillfähigkeit auf das Verhalten bei der Verarbeitung selbst. Dabei interessiert der **Spielraum für Maschineneinstellungen** in seiner Auswirkung auf das Aussehen der Proben. Die Einwirkung entspricht möglichst genau den Fabrikationsbedingungen, die Beurteilung beschränkt sich auf die sichtbaren Mängel (visuelle Bewertung). Diese sind nicht exakt anzugeben, bringen also eine Unsicherheit in die Unterscheidung von »gut« und »schlecht«. Man kann sie bestenfalls durch Musterbeispiele innerhalb eines Betriebes belegen. Andererseits ist so eher der Erfahrung eine Kritik am Aussagewert der Meßergebnisse freigestellt als bei theoretisch begründeten Zahlenwerten, deren Korrelation zur Praxis jeweils erwiesen werden müßte. Die Aufmerksamkeit hat im wesentlichen zu gelten:

a) Aufreißen der Oberfläche bei der Faltvorbereitung,
b) Aufreißen der Oberfläche nach dem Falten um 180°.

Es hängt von den Gebrauchsanforderungen ab, ob unter »Aufreißen« nur die grobe Fasertrennung zu verstehen ist, oder ob bereits eine durch Anfärben hervorhebbare Lockerung oder verringerte Abriebfestigkeit des Striches ins Gewicht fällt.

Für Probenrillungen, die mit verschiedensten Maschineneinstellungen hergestellt sind, hat man »Gut«-»Schlecht«-Entscheidungen zu fällen und kann dann diese zeichnerisch in einem »**Rillbereichs**«-Diagramm darstellen. Die Abb. 12 gibt

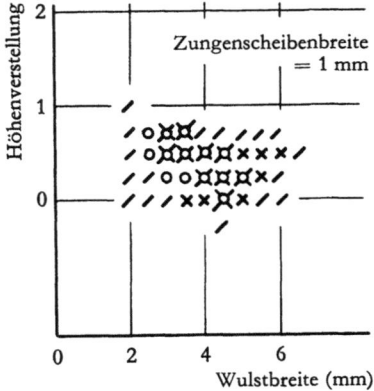

Abb. 12   Rillbereich für Maschinenlederpappe 600 g/qm
    x   gut gerillt, quer zur Laufrichtung
    o   gut gerillt, längs zur Laufrichtung
    /   schlecht gerillt

als Beispiel Versuchsergebnisse an einer Maschinenlederpappe wieder, die mit dem Patentrillapparat verarbeitet wurde [6]. Zu große Wulstbreiten und zu geringe Höheneinstellungen ergeben zu schwache Rillung; die Pappe bricht beim Falten. Bei zu geringer Wulstbreite und zu kräftig wirkender Höheneinstellung reißt das Material bereits beim Rillen. Die Grenzen liegen etwas verschieden je nach dem, ob die Rillinie parallel oder senkrecht zur Faserrichtung verläuft. Beide Grenzen umschließen den »Gut«-Bereich, und man wird dessen Mitte als Sollwert ansehen. Andererseits kann man eine Pappe als besonders gut »rillfähig« bezeichnen, bei der der Gutbereich so groß ist, daß ohne besondere Verarbeitungssorgfalt immer eine brauchbare Faltvorbereitung gelingt. Die Toleranzbreite ist ein wirtschaftlich wichtiges Bewertungsmaß, denn eine nur mit

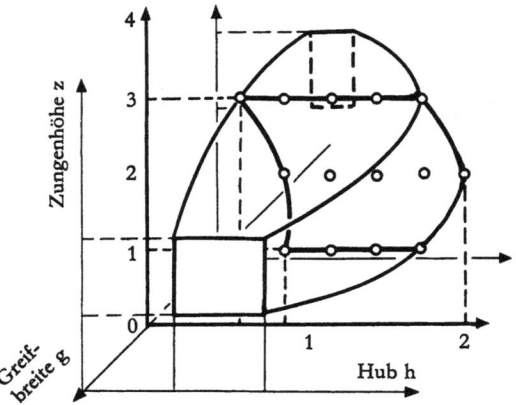

Abb. 13 Stauchbereiche für REMUS-Verfahren

genauester Einhaltung günstigster Einstellwerte zu rillende Pappe ist teuer zu verarbeiten. Die Anforderungen an das technische Personal und an die Maschinen steigen und die statistisch zu erfassende Ausschußmenge wird größer.
In gleicher Weise können auch Arbeitsdiagramme für die Stauchfähigkeit beim Rotierend–Biegen in Abhängigkeit von Zungenhöhe z und Stauchscheibenabstand b aufgestellt werden. Wenn dagegen wie beim REMUS-Verfahren (Abb. 13) drei Einstellmöglichkeiten gegeben sind, so ist die zweidimensionale Darstellung nur noch als perspektivisches Bild oder mit Kurvenscharen möglich, was ohne Zweifel die Übersichtlichkeit beeinträchtigt. Immerhin kann man aus der Form des räumlichen »Gut«-Bereiches erkennen, auf welche Einstelländerungen die betreffende Pappe besonders schnell reagiert.
Die Aufstellung dieser Bereichsdiagramme erfordert keine zusätzlichen Versuchsreihen, sondern sie sind als zeichnerische Notizen des Betriebs anzusehen. Dieser muß vor der Verarbeitung einer neuen Pappensorte sowieso die Auswirkungen verschiedener Maschineneinstellungen erproben. Sind diese bequem in Zahlenwerten abzulesen, dann wird es nicht schwer sein, ein Versuchsprotokoll anzufertigen und damit spätere Umstellungen an der Maschine erleichtern. Sind die Ablesemöglichkeiten an der Rillmaschine zunächst ungenau und schlecht zugänglich, dann wird sich eine nachträgliche Verbesserung meist ermöglichen lassen und sicher bewähren.
Zur Entlastung des Betriebs von meßtechnischen Aufgaben bzw. um die Pappenverarbeitbarkeit schon beim Hersteller und Händler beurteilen zu können, wurden verschiedene **Laboratoriumsgeräte** entwickelt, die die Maschinenverhältnisse nachbilden sollten. Solche technologischen Prüfverfahren scheinen grundsätzlich sicherer als frühere Bemühungen, die Rillfähigkeit aus physikalischen Grundeigenschaften der Pappe wie Steifigkeit, Dehnbarkeit, Härte usw. abzuleiten [9, 10]. Für das Rillenprägen kann man sich einer einfachen Prüfzange (Bauart Brugger, München; Abb. 14) bedienen [11]. Mit diesem Handgerät werden Rillen in das Prüfstück eingedrückt. Die Hebelkraft reicht aus, Bedingungen zu schaffen, die denen in Rillapparaten und beim Bandstahlrillen entsprechen. Das Gelenk der

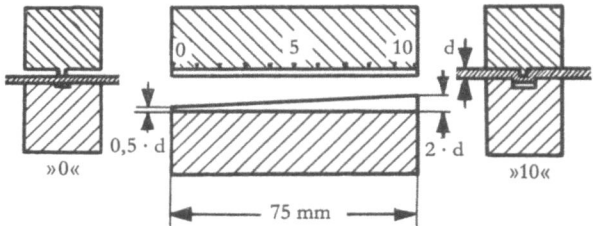

Abb. 14 Rillbacken der Prüfzange

Zange muß verwindungssteif sein. Die Matrizen- und Patrizenplatten sind auswechselbar. Die letztere ist gelenkig befestigt, damit sie parallel zur Matrizenplatte bleibt, wenn der Karton mehr oder weniger zusammenpreßbar ist. Patrizen- und Matrizenplatte müssen paarweise für verschiedene Kartonstärken-Bereiche vorgesehen werden, wobei folgende Abmessungen zunächst in Frage kommen:

Kartonstärke $= d$

Rillinie (Patrize), Breite $= d$ Rillnut (Matrize), Breite $= 3 \cdot d$
                    Höhe $= d$ Tiefe $= 0{,}5$ bis $2 \cdot d$

Der stetige Abfall der Matrizenfläche hat für das Prüfstück zur Folge, daß es am einen Ende (»10«) voll gerillt wird, am anderen (»0«) nur soweit die Patrize eindringt, als es die Zusammendrückbarkeit der am anderen Ende gleichzeitig gepreßten Pappenfläche zuläßt.

Ebenfalls in erster Linie für Kartonstärken ist das Rillprüfgerät der PATRA (Printing Packaging and Allied Trades Research Association, Leatherhead, Surrey, England) gedacht (Abb. 15) [12]. Hier sind die Nutmaße stetig veränderlich, die Rillinie (Patrize) kann mit einem zur Kartondicke passenden Maß ausgesucht werden. Die Formstücke werden durch eine Pendelnocke zusammengedrückt. Die Rilltiefe kann durch Herauf- und Herunterschrauben des Pendeldrehpunktes eingestellt werden und ist auf einer Skala ablesbar. Die Dauer des Rillvorganges kann dadurch eingestellt werden, daß man die Länge der Nocke

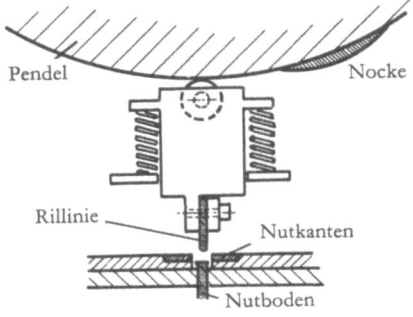

Abb. 15 Rillteil des PATRA-Kartonrillgeräts

oder den Winkel, von dem aus das Pendel ausgelöst wird, verstellt. Ein Aufhänger an der Kante des Pendels hält es in dem gewünschten Winkel und fängt es nach dem Rillvorgang wieder auf. Die Bewertung der Rillfähigkeit richtet sich ebenso wie die Versuche an Verarbeitungsmaschinen nach dem visuellen Befund, also vor allem nach dem Aufreißen beim Rillen bzw. nach dem Falten.

Ein Rillprüfgerät des gleichen Instituts legt das rotierende Rillenprägen zu Grunde (Abb. 16) [13]. Durch Auswechseln der Rillscheiben lassen sich verschiedene

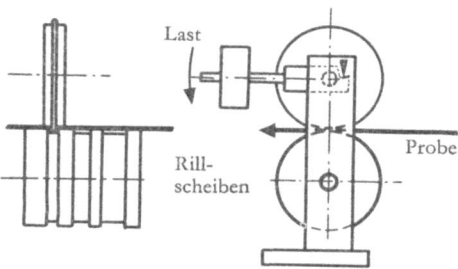

Abb. 16 Schema des PATRA-Geräts für rotierende Rillung

Profile einsetzen. Als zusätzliche Meßgrößen werden der Anpreßdruck der Scheiben (verstellbare Hebellast) und ihr Abstand beim Probendurchlauf (Meßuhr) bestimmt. Diese Werte weisen auf die Möglichkeit hin, daß bei harten Pappen ein Durchbiegen der Rillscheibenachsen und ein Ausweichen der Lagerzapfen eintritt. Bei mehreren, parallel arbeitenden Rillscheiben können infolgedessen entweder die mittleren oder alle Rillinien schwächer ausfallen als nach der Einstellung zu erwarten war. Außerdem ist vorgesehen, daß auf der gleichen Achse des Prüfgeräts mehrere Scheiben in verschiedenem seitlichen Abstand montiert werden und damit die Bedeutung des Rillinienabstands untersucht werden kann.

Alle Verfahren der Faltvorbereitung von Pappen führen zu Ausbuchtungen, benötigen also zusätzliches Material, das von der Seite herangezogen wird. Bei einigen Anordnungen ist dies ohne Gegenkräfte möglich, z. B. bei zwei Rillinien durch Rotierend-Biegen, wo durch unsymmetrische Scheibenanordnung der Breiteneinzug nur von außen her benötigt wird. In anderen Fällen entstehen Zugspannungen zwischen parallellaufenden Rillinien und zwar um so stärker, je enger der Rillinienabstand ist. Man benötigt dann eine Abschätzung des für eine bestimmte Pappensorte gültigen kleinsten zulässigen Rillinien-Abstand [14]. Den nötigen seitlichen Einzug kann man aus einer Querschnittszeichnung des Rillprofils mit einiger Genauigkeit zeichnerisch ermitteln. Nach HALLADAY und ULM wird das Ergebnis in einem Kurvenbild (Abb. 17) zusammengefaßt, das den Einzug in bezug auf die Pappendicke in Abhängigkeit von Werkzeugmaßen angibt. Die größte Beanspruchung der Bereiche zwischen zwei Rillinien ergibt die Annahme, daß der Einzug in vollem Umfang als Dehnung des Materials in der Länge des freien Abstands zwischen den Rillinien anzusehen wäre. Tatsächlich wird durch die Gegenspannung der Einzug selbst etwas verkleinert. Dies setzt die Rißgefahr zwischen den Rillinien herab, erhöht aber die Belastung der vom Rillen-

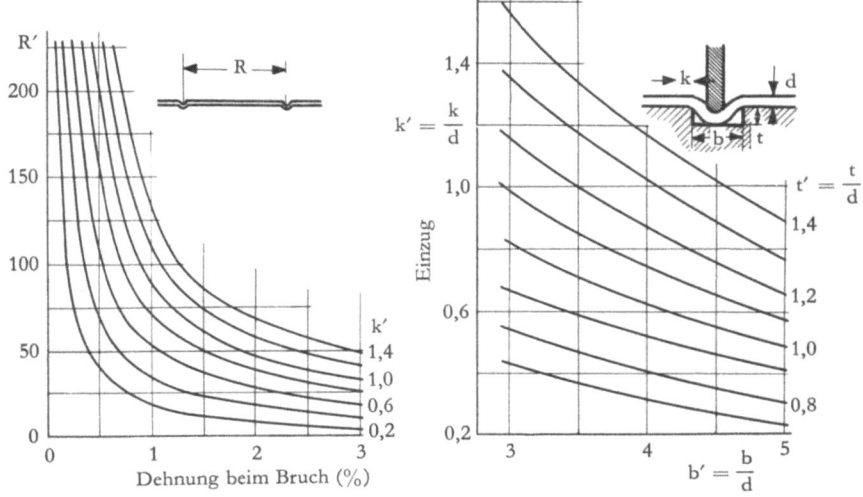

Abb. 17 Arbeitsdiagramm für den Rillinien-Abstand
(nach HALLADAY und ULM)

prägen unmittelbar betroffenen Kartonteile. Im Versuch zeigt sich das darin, daß die ersten Oberflächenrisse meist dicht neben der Rillinie festzustellen sind.
Als Maß für die Grenze der zulässigen Materialdehnung wählt man im allgemeinen die im Zugversuch gemessene »Dehnung beim Bruch«. Ist diese z. B. 1%, dann entspräche dem bei einem Einzug von $0{,}5 \cdot$ Kartondicke ein Rillabstand von $50 \cdot$ Kartondicke. So kann man eine zweite Hälfte des Diagramms vorbereiten, das die beim Schachtelentwurf gewählten Rillabstände und Materialeigenschaften mit dem Einzug in Verbindung setzt. Dabei ist der Unterschied der Dehnungswerte längs und quer zur Faserrichtung zu beachten. Die größere Querdehnung gestattet in dieser Richtung kleinere Rillinienabstände. Im übrigen kann das berechnete Kurvennetz auf Grund von Versuchen insbesondere im Sinn eines erwünschten Sicherheitsgrades abgeändert werden.

4. Technische Bewertung einer Rillinie

So nützlich und grundlegend die visuelle Beurteilung in der Papierverarbeitung allgemein ist, daneben sollten auch zahlenmäßig belegte Angaben stehen. Diese haben vor allem dann ihre Berechtigung, wenn außer der guten Auswertbarkeit eine tatsächliche technische Bedeutung des Meßwertes steht. Beides kann an Hand der **Maßgenauigkeit** der Rillung und Faltung erläutert werden. Die Abmessungen sind zu überwachen

a) am gerillten Zuschnitt,
b) am gefalteten Zuschnitt,
c) an der gehefteten bzw. geklebten Schachtel.

Die Maßgenauigkeit ist begrenzt, bei a) durch das Fehlen einer geometrisch leicht definierbaren Meßmarke, bei b) durch den Übergangsbogen zwischen Kante und Fläche und bei c) durch die Unebenheit der Seitenflächen. Dazu kommt die statistische Streuung, die ihrerseits verschiedene Ursachen hat, z. B.

d) Abweichungen über »geometrische Bereiche« hin, z. B. bei der Angabe des Rillinienabstandes wird man über die Länge der Rillinien hin Abstände messen, die um den anzugebenden Mittelwert streuen,
e) Abweichungen innerhalb einer Produktionsfolge, die durch zufällige Materialschwankungen einschließlich Wassergehalt, Dicke usw. bedingt sind, und
f) Abweichungen, die auf zufällig wechselnde oder allmählich sich verändernde Werkzeugmaße (Nachgeben der Einstellung, Abnutzung usw.) zurückgeführt werden können.

Diese statistischen Daten (d–f) können geradezu zur Kennzeichnung der Verarbeitungsgüte mit herangezogen werden. Selbst wenn im Anwendungsfall der Betrag der Maßabweichungen noch nicht wesentlich wäre, könnten Maßänderungen als Hinweis auf kritische Betriebsänderungen nützlich sein.
Bei Versuchsreihen mit einer Maschinenlederpappe von 1,27 mm Dicke wurden die Maße einer Stülpdeckelschachtel während der Verarbeitung auf der Rotationsbiegemaschine und beim Heften überwacht. Die Mittelwerte aus zehn Probestücken ergaben u. a.:

Zuschnittgröße vor dem Rillen:	530 ×450 mm
Zuschnittgröße nach dem Rillen:	529 ×448,5 mm
Bodenfläche nach dem Rillen:	380,2×299,5 mm
Bodenfläche nach dem Falten:	380,2×299,6 mm
Bodenfläche nach dem Heften:	380,2×300,9 mm

Die Mittelwerte ergeben ein insofern zu günstiges Bild als sich bereits Maßunterschiede zwischen an- und ablaufender Kante ausgleichen. In Abb. 18 sind daher die Häufigkeitskurven für zwei der Testmaße angegeben. Die einzelnen Meßwerte sowie der errechnete Mittelwert zeigen, daß der Biegelinienabstand b', welcher sich beim Verlassen der Maschine für den Zuschnitt ergab, etwas größer ist als der Abstand b. Der Grund dafür wird in der Führung des Zuschnitts zu suchen sein. Der zu große Abstand der Leitstücke gegeneinander wird es dem Zuschnitt ermöglicht haben, sich während des Rillvorganges aufzuwölben. Der bei der anschließenden Messung flachliegende Bogen weist dann die dargestellten Abstandsdifferenzen auf.

Nach dem Falten der gleichen Zuschnitte wurde an Stelle des Rillinienabstands das Innenmaß der eingebogenen Klappen in der Nähe der Grundfläche bestimmt. Die Maßstreuung ist zunächst kleiner als an den Zuschnittsrändern, weil das Falten

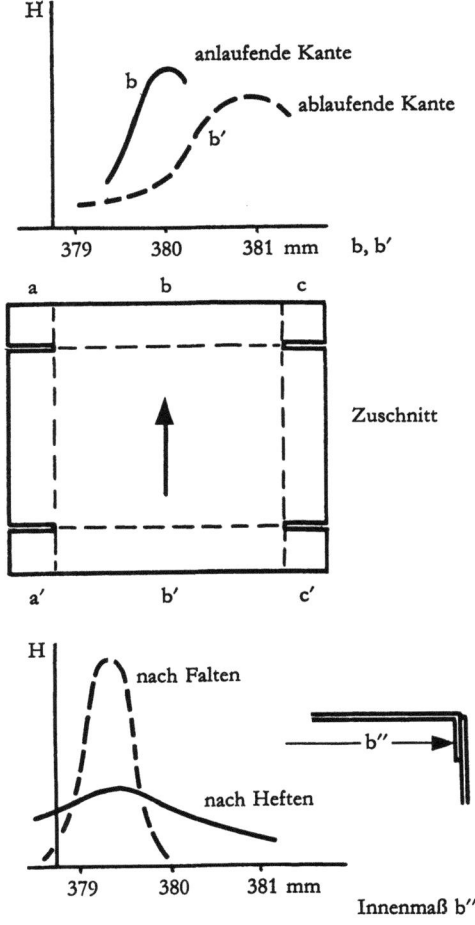

Abb. 18 Häufigkeitskurven für Verarbeitungsmaße

eine mittelnde Wirkung hat. Das Heften bewirkt dagegen, daß zwar der Mittelwert der Innenmaße sich nicht ändert, dagegen deren Streuung in unangenehmer Weise zunimmt. Die handwerklichen Schwierigkeiten wachsen bei kleinen Zuschnitten, schweren und glatten Pappequalitäten, schmalen Rändern und hoher Taktzahl des Heftkopfes. Die Güte der Rillinie und vor allem die Genauigkeit der Schlitzausstanzungen sind von großem Einfluß. Tiefe, breite Rillungen ermöglichen zwar ein entsprechendes Zurechtdrücken beim Heften, was aber bei Freihandverarbeitung nur zusätzliche Unsicherheiten mit sich bringt.

Beim Rillenstauchen nach REMUS treten systematische Abweichungen vom Sollmaß am häufigsten durch Schrägstellung des Anschlags auf. Die Größe dieses Winkels hängt vom Führungsspiel und von der Sorgfalt des Einstellers ab. Oft wird durch die Drehkräfte bei der Befestigung des Anschlags dieser zuletzt im Uhrzeigersinn verschoben. Der Zuschnitt weist dann zwar im mittleren Bereich das gewünschte Maß auf; dieses verringert bzw. vergrößert sich jedoch nach außen. Zufällige Abweichungen haben ihre Ursache im Verrutschen des Zuschnitts während des Anlegens oder während des Rillvorgangs. Bei hoher Maschinengeschwindigkeit und tiefem Einführen des Zuschnitts bis zum Anschlag sind eher Fehler zu erwarten. Auch ist das Anlegen der schmalen Seite schwieriger als das der längeren.

Die **Festigkeit von Rillinien** kann als weiterer technischer Maßstab für die Güte der Faltvorbereitung gewählt werden. Man bemühte sich mit Erfolg, sogar die Maschineneinstellung nicht auf Grund der visuellen Beurteilung der Oberflächen, sondern nach Festigkeitsmessungen optimal auszuwählen [15]. Welche Prüfverfahren hierzu unter dem Gesichtspunkt der praktischen Anforderungen am besten wären, kann man kaum verbindlich sagen, es liegt aber nahe, mit Berstversuchen zu beginnen, weil diese sowieso für die Pappenzulieferung üblich sind und dementsprechend Geräte und Meßerfahrungen vorausgesetzt werden können.

Während der Berstdruck der flachen Pappe wegen der kreisförmigen Einspannung von der Faserrichtung unabhängig ist, muß die Richtung der Rillinie berücksichtigt werden. Außerdem ist die Druckrichtung von größerem Einfluß als man es beim Vergleich der Berstwerte von oben und unten sonst gewohnt ist. Da bei Schachtelzuschnitten die Kreuzungsstelle von zwei Rillinien besonders gefährdet ist, wird man Prüfmuster mit zwei sich kreuzenden Rillinien ebenfalls messen. Die Abb. 19 gibt als Beispiel die Ergebnisse derartiger Messungen an Maschinenlederpappe von 700 g/m². Wenn man das Mittel aus genügend Einzelmessungen nimmt (im Beispiel je 10) erhält man in der Regel überraschend klare Hinweise, etwa der Art, daß bei »guter« Stauchung einfache Rillinien einen Berstdruckabfall von 8 bis 10% je nach Faserrichtung erzeugen, der sich allerdings nach Faltung um 180° auf 10–12% für Innenwulst und 20–30% für Außenwulst vergrößert. Kreuzrillungen wirken noch stärker ein. Man hat, ermutigt durch brauchbare Meßbeispiele in Betracht gezogen, solche Messungen zum Gegenstand von Lieferbedingungen zu machen. Zur Kritik muß allerdings darauf hingewiesen werden, daß der Stauchwulst eine wesentlich größere Wölbhöhe zuläßt als flache Vergleichsmuster. Starke Wölbung erfordert für gleiche Flächenspannungen höhere Flächendrücke, so daß also eine Bevorzugung der gestauchten Muster eintritt, die

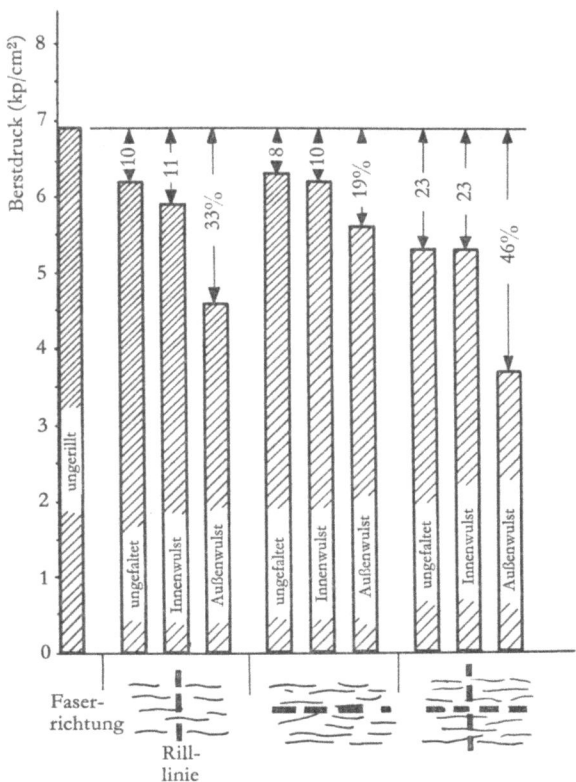

Abb. 19 Schwächung durch Rillung
(Berstdruck, Mullen, 10 cm²)
Maschinenlederpappe 700 g/m²
(Stauchbiegemaschine)

sich zahlenmäßig nicht abschätzen läßt. Aus dem gleichen Grund wird auch die Stauchung und Messung des feuchten Materials zu günstigeren Werten führen, als es der praktischen Bewährung entspricht.
Zugversuche der gleichen Meßreihe zeigten grundsätzlich die gleichen Ergebnisse. Zusätzlich wird eine sehr ausgeprägte Richtungsabhängigkeit deutlich, sowohl der flachen Pappe (Reißlängenverhältnis = längs 4100 m : quer 1600 m) als auch der Rillwirkung (Quer- zu Längsrillung ergibt einen Festigkeitsabfall im Verhältnis von 35 : 9%). Die Stauchung nach REMUS, das an sich schonendste Verfahren, hat demnach bei Rillinien quer zur Faserrichtung Schwierigkeiten. Außenwulstfaltung beansprucht die Pappe in allen Festigkeitsversuchen stärker als die übliche Innenwulstfaltung.
Die Überprüfung gerillter Proben in flacher Lage entspricht insofern nicht der Beanspruchung als Schachtelteil, als für die Schachtelkanten-Festigkeit nur die äußeren auf Zug beanspruchten Lagen wichtig sind. Wenn man allein deren

Festigkeit mißt, kann man Rückschlüsse auf die verbleibende Bindungsfestigkeit der Fasern und damit auch auf Einreiß-, Weiterreiß- und Abriebwiderstand ziehen. Man kann dazu die Prüfmuster für Zugversuche vorbereiten, indem man die Innenlagen mit einem Rasiermesser durchtrennt, also im Zugversuch nur die Außenlagen belastet und bewertet. Die **Aufteilung des Biegewulstes** beim Stauchen und Falten ist an der Lage des Hohlraums zwischen Außen- und Innenlagen und an deren Aufspaltung festzustellen. Diese Verhältnisse hängen von Pappenart und Maschineneinstellung ab. Die in Tab. 1 wiedergegebenen Werte

Tab. 1 Meßbeispiel für die Bestimmung von Restfestigkeiten der Rillinien

Bobst–Rotierend–Biegen   a) stehende Biegezunge
                                      b) Rollenzunge

Material
- Muster A: Maschinengraupappe, beidseitig weiß gedeckt 680 g/m², 1,0 mm
- Muster B: Maschinengraupappe, geklebt, einseitig Natronkraftpapier kaschiert 1800 g/m², 2,1 mm
- Muster C: Maschinengraupappe, beidseitig Natronkraftpapier kaschiert 950 g/m², 1,1 mm
- Muster D: wie C, jedoch in einem Verarbeitungswerk aus der laufenden Produktion nach dem Biegevorgang herausgenommen [16]

Muster		Bruchlast kp	Restbruchlast kp		%	Restdicke mm		%	spez. Restfestigkeit %
A	längs	96,5	a)	14,5	15	0,28		28	54
			b)	20,5	21	0,38		38	55
	quer	51	a)	14	27	0,26		26	»100«
			b)	17,5	34	0,38		38	90
B	längs	181	a)	37	21	0,9		41	51
			b)	32	18	1,02		49	37
	quer	104	a)	29	28	1,2		57	49
			b)	26,5	25	1,18		56	45
C	längs	103	a)	23	21	0,38		35	60
			b)	28	27	0,30		27	»100«
	quer	69,5	a)	20	29	0,38		35	83
			b)	25	36	0,34		31	»100«
D	längs	104	a)	24,5	24	0,50		45	53
	quer	66,5	b)	21	32	0,50		45	71

beziehen sich auf Innenwulst-Biegelinien, die nach dem Rotierend-Biegen optimal gearbeitet wurden, d. h.

a) einwandfreie Führung der Pappe durch die Maschine,
b) richtige Wahl der Biegezunge,
c) richtige Einstellung des Backenabstands,
d) richtige Einstellung der Zungentiefe,
e) Verwendung rillfähiger Pappen.

Wenn man die gewählten Material- und Arbeitsbedingungen als typisch ansehen kann, so ist aus den Meßwerten der Tabelle zu folgern, daß die Außenlagen 25–50% der Gesamtdicke ausmachen. Diese Lagen sind durch den Stauchvorgang geschwächt. Für die letzte Zahlenspalte ist berechnet die

$$\text{spez. Restfestigkeit} = \left(\frac{\text{Restbruchlast}}{\text{Restdicke}} : \frac{\text{Bruchlast}}{\text{Dicke}}\right) \cdot 100\%$$

$$= \left(\frac{\text{Restbruchlast}}{\text{Bruchlast}} : \frac{\text{Restdicke}}{\text{Dicke}}\right) \cdot 100\%.$$

Obwohl alle Werte Mittel aus zehn Einzelmessungen sind, treten Unsicherheiten auf, vor allem wahrscheinlich infolge ungenauer Restdickenangabe. Im allgemeinen kann man mit spezifischen Restfestigkeiten über 50% rechnen. Das Industrie-Verarbeitungsmuster zeigte zwar größere Restbruchlast, jedoch ist die spezifische Restfestigkeit niedriger. Das bedeutet, daß gegen Zugbeanspruchung dieses Muster widerstandsfähiger ist, aber die Lockerung des Faserverbands andere Gefahren bringen kann, z. B. in bezug auf den Kantenabrieb. Die Schwächung der Außenlage kann zum Teil auf die Einwirkung der stehenden Biegezunge zurückgeführt werden, unmittelbar auf die Reibkraft oder auf die daraus folgende Erwärmung. Die Versuche wurden daher noch durch Biegungen mit Rollenzungen ergänzt, was in einem Fall auch merkliche Verbesserungen ergab.

5. Schachtelkantenverhalten

Zug- und Berstversuche an der Schachtelkante beurteilen zunächst deren Festigkeit. Darüber hinaus trägt die Schachtelkante wesentlich zur Steifigkeit der Schachtel bei. Die Packstückprüfung unterscheidet ebenfalls die Festigkeitsprüfung z. B. in Form des Falltestes [17] vom Steifigkeitsversuch z. B. in Form des Schachtelstauchversuchs [18]. Eine Beziehung zwischen Fallversuch und Festigkeitsmessungen (z. B. Berstversuch) kann jeweils statistisch hergestellt werden. Der Stauchversuch weist auf Schwachstellen hin, die verschiedene Ursachen haben können und an dem gleichen Prüfmuster je nach der Belastungsrichtung wechseln. Außerhalb des Rahmens dieses Berichtes fallen Kantenrisse z. B. von Verschlußklebestreifen und Randstauchungen infolge unzureichendem Stauchwiderstand des Pappenrandes. Allerdings können diese Gefahren durch eine zu große Gelenkigkeit der Rillinien oder einer Festigkeitsminderung in der Umgebung der Rillinien vergrößert werden. Dabei ist nicht nur die Grenzlast vor dem Zusammenbruch zu beachten, sondern auch das Stauchmaß. Je nach dem Anwendungsfall darf dieses einen Höchstwert nicht überschreiten, um nicht das Packgut zu gefährden, oder man hat die Elastizität = Last : Stauchmaß zu beachten [19].

Der Zustand der Schachtelkanten wirkt sich am meisten aus, wenn der Schachtelstauchversuch zur **Knickung der senkrechten Kanten** und Seitenflächen (»Zargen«) führt. Da die Elastizität an den Ecken geringer ist als an den waagrechten Kanten, konzentriert sich dort die Flächenbelastung. Das Lastprofil [20] verschiebt den Großteil in den Stützbereich der senkrechten Wulste, die einerseits als tragende »Kantenrohre« und andererseits als »Rahmen« der Seitenflächen dienen. Die Verformung der Schachtel geschieht durch Einknicken der Wände nach außen und der Kanten nach innen. Ist dies eingetreten, dann können verhältnismäßig kleine Belastungen die Schachtel gänzlich zerstören. Ein merkbarer Unterschied beim normalen Stauchversuch (gemäß TAPPI-Standard T 804 m-45 oder VVK-Merkblatt 13/58) mit verschlossenen oder offenen Schachteln kann weder am Maximalstauchwiderstand noch am zugehörigen Stauchdruckverlauf festgestellt werden. Die tragenden Wände und Kanten knicken ohne große vorhergehende Stauchung schnell ein. Physikalisch ist die Knickung der Übergang von einem labilen zu einem stabilen Gleichgewichtszustand, der bei um so größerer Last eintritt, je biegesteifer die Schachtelwände sind. Daher ist die Knickung entscheidend bei Belastung in Richtung der kürzesten Kante. Das Knickverhalten der noch nicht bearbeiteten Pappe läßt sich als Materialeigenschaft kennzeichnen, die der Biegesteifigkeit nur verwandt ist [21].

Man kann die Bedeutung der **Kantenstauchfestigkeit** in einer Stauchpresse mit parallelen, nicht kippenden Druckplatten erfassen. Stellt man z. B. entsprechend

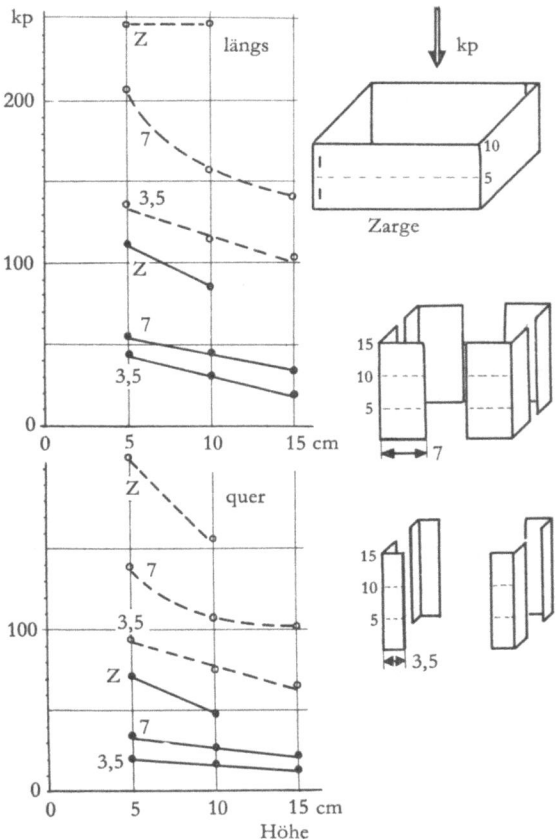

Abb. 20 Stauchdruck
Graukarton 500 g/m²
natronkaschierte Maschinenlederpappe 820 g/m²

Abb. 20 in einem Quadrat vier Pappewinkel auf, die gerillt und um 90° mit Innenwulst gefaltet sind, und belastet sie gleichmäßig, so sind kennzeichnende Maximalkräfte zu messen. Sie werden mit geringerer Probenhöhe größer und wachsen mit größerer Probenbreite. Schließlich bildet die Messung an zusammengehefteten Zargen den Übergang zum Schachtelstauchversuch. Unter den Maßverhältnissen des Beispiels verhielten sich näherungsweise die

Stauchkräfte : Stauchkräfte : Stauchkräfte = 1 : 1,5 : 3.
  bei 3,5 cm   bei 7 cm   der Zarge

Daraus ergibt sich der zusätzliche Beitrag der Kante zu der Stauchfestigkeit der durch sie gehaltenen Seitenwände. Ob diese Verstärkung allein durch die Winkelstellung oder durch die Wulstform zustande kommt, ist durch weitere Stauchversuche abzuschätzen. Nach Abtrennung der inneren Pappenlagen im Wulst von den gespannten äußeren ist nämlich ein in sich stabiles Teil entstanden, ein Rohr mit etwa elliptischem Querschnitt. Bei Zargenmustern mit einem Maximalwiderstand von 165 kp ging beispielsweise dieser bei aufgeschnittenem Innenwulst auf 143 kp zurück. Die Differenz von 15% ist also der Beitrag des »Wulstrohres«. Wenn man auf diese Erhöhung Wert legen will, so wäre auch eine gute Flächensteifigkeit der Innenlagen anzustreben. Dies setzt eine gute Spaltbarkeit der Pappe in der Querschnittsmitte voraus. Bisher wurden solche Verarbeitungswünsche wohl selten gestellt, dagegen ist denkbar, daß sie in Zusammenhang mit Veredlungsverfahren von Bedeutung werden, die zwar gute Eigenschaften der glatten Vollpappe schaffen, aber die Staucheignung verschlechtern.

Der Außenwulst bildet beim Falten einen Hohlraum nicht im Pappenquerschnitt, sondern rundet sich als Ganzes zu einem Profil, dessen Knicksteifigkeit mit seinem Durchmesser wächst. Vom Werkstoff wäre eine gute plastische Verformbarkeit zu wünschen, damit der Wulst nicht zu flach wird. Im allgemeinen kommt dieser Wunsch den technischen Gegebenheiten wohl entgegen, weil der Außenwulst für starke kompakte Pappen bevorzugt wird und dann das dicke Material bei weitem nicht die Gelenkigkeit des Innenwulstes hat, was im Hinblick auf die Zargensteifigkeit nur erwünscht ist. Anderseits können die straffen Außenschichten des Innenwulstes bei entsprechender Pappenwahl und Verarbeitung die Verwindungssteifigkeit des Kantenwinkels verbessern, mehr vielleicht als das einem Außenwulst möglich ist.

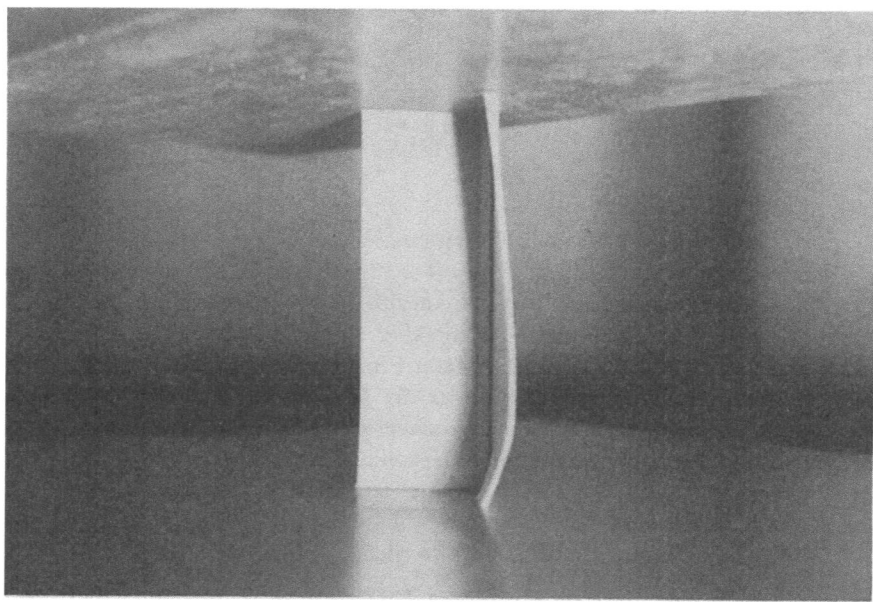

Abb. 21 Pappewinkel mit Innenwulst
gestaucht

Bei den Stauchversuchen an Pappewinkeln fällt die sehr kräftige Ausbeulung auf, wie sie Abb. 21 zeigt. Die seitliche Kraftkomponente am Innenwulst ist so groß, daß ihr nicht etwa mit der Hand Widerstand geleistet werden kann. Es scheint nützlich, das Entstehen dieser Erscheinung zu verstehen: das oben als Kantenrohr bezeichnete Gebilde ist, wie jetzt anschaulich wird, steifer als die flachen Schenkel der Pappenwinkel und bestimmt die Richtung des Einknickens. Nun ist aber der Innenwulst durch den Stauchvorgang verglichen mit den Außenlagen der Kante weicher geworden, so daß sich das Rohr unter dem Stauchdruck nach außen wölbt. Dieser Bewegung folgen die Schenkel. Es gehört zu den Besonderheiten der Papptechnik, daß oft die Maximalfestigkeiten nicht einer bestimmten Kennzahl entsprechen, sondern sich in der vorbereitenden Phase entscheidet, auf welche Form und damit auf welchen Höchstwert der Belastungsvorgang hinzielt. Es ist Sache der Konstruktion und Materialwahl, den günstigsten Weg sicherzustellen.

Das Ausbeulen der Seitenflächen folgt der seitlichen Kraftkomponente entsprechend Abb. 22 nach außen. Ihr Widerstand gegen diese Verformung hängt von der Biegesteifigkeit der Pappe ab, und zwar sowohl in Längs- wie in Querrichtung. Von deren Größenverhältnis wird auch die Lage der von den Ecken schräg über die Flächen verlaufenden Knickkanten beeinflußt. Übrigens läßt sich aus dem Abstand des Ausgangspunktes dieser Linien von dem Ende des »Kantenrohrs« erkennen, wieweit in der Umgebung der Ecke die elastische Biegung der Pappe in ein plastisches Aufstauchen durch die Belastung übergegangen ist. Die

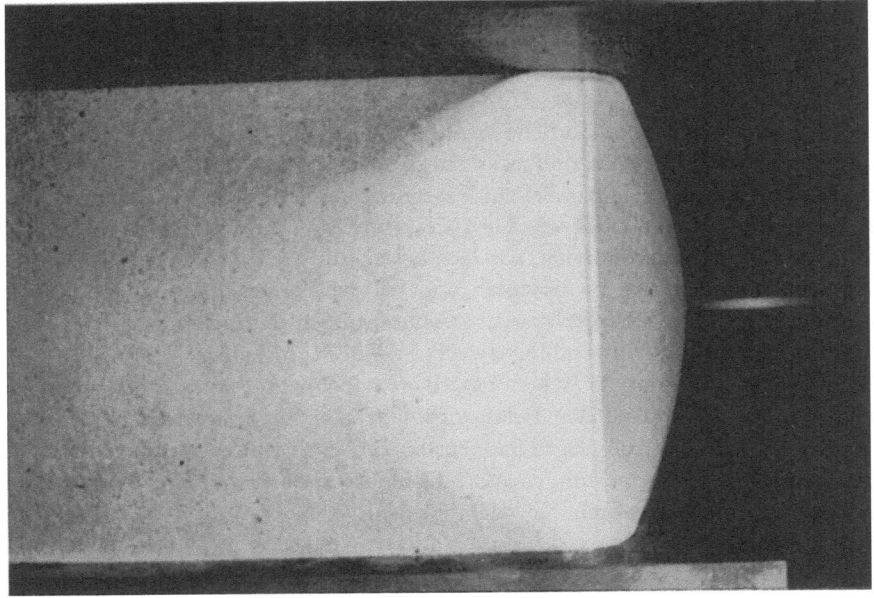

Abb. 22 Zarge mit Innenwulst gestaucht

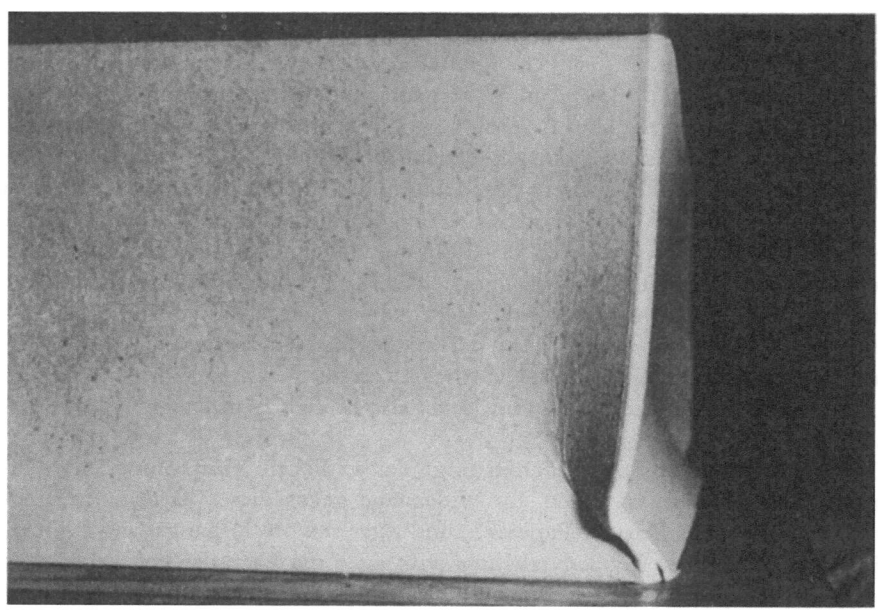

Abb. 23 Zarge mit Außenwulst
gestaucht

Neigung der Pappe zu dieser Verformungsart wird zahlenmäßig im Ringstauchversuch gemessen, bzw. in einer gegenüber TAPPI-Standard T 472 m-51 abgeänderten Form an ebenen Versuchsstücken.
Die Abb. 23 gibt zum Vergleich das Ergebnis eines Zargenstauchversuchs mit Außenwulst wieder. Das seitliche Ausknicken des Wulstes führt hier zu einem Einfalten der Seitenflächen und zwar um so eher, je geringer die Knicksteifigkeit der Pappe um eine Linie parallel zur Faserrichtung ist. Zu diesen Aufnahmen ist zu bemerken, daß sie, wohl wie alle Hinweise dieses Berichtes, weniger als festliegende Regeln gelten können, sondern bestenfalls Merkmale darstellen, die bei der Kartonagenprüfung zu beachten und bei der Dimensionierung zu berücksichtigen sind. Die Schachtelstauchversuche bringen darüber hinaus in Erinnerung, wie sehr der Anwendungszweck Einfluß auf Bedeutung und Art der Prüfungsdurchführung zu haben hat. Die Stauchwerte sinken wesentlich ab, wenn an Stelle der parallelen Belastungsplatte eine frei bewegliche Flächenlast eingesetzt wird, z. B. aufgelegte Pappenstapel. Diese Belastungsart wäre aber bei Einzelversandschachteln sinngemäßer. Dann ist auch der Einfluß von gleichzeitiger Schüttelbeanspruchung wichtig, denn er wirkt bei allen Lastwagentransporten.

6. Wellpapp-Rillvorrichtungen

Wie alle Pappensorten verlangen auch die Wellpappen eine Vorbereitung der Faltlinien. Da gerade die durch die Wellen geschaffene Biegesteifigkeit ein besonderer Vorteil dieses Packmaterials ist, muß ihre Überwindung beim Kantenfalten eine kritische Aufgabe sein [22]. Sie wird dadurch noch schwieriger, daß mit der Riffelung eine ausgesprochene **Richtungsabhängigkeit** für die Steifigkeit und die Faltvorbereitung verbunden ist. Bei einem Großteil der Produktion wird die Rillung quer zur Riffelung bereits auf der Wellpappmaschine ausgeführt, die Rillinien längs zur Riffelung auf getrennten Maschinen z. B. auf dem Druckslotter. Diese Aufteilung bringt in der Regel verschiedene Feuchtigkeitsverhältnisse mit sich, und zwar erleichtert die Restfeuchtigkeit der Wellen das Rillen auf der Wellpappmaschine [23]. Schließlich ist meist den beiden Rillrichtungen eine festliegende Aufgabenteilung zugewiesen, z. B. bei normalen Faltschachteln (Abb. 24) die Slotter-Rillung für die senkrechten, um 180° zu faltenden Kanten, die Maschinenrillung für den weniger scharfen Klappenverschluß. Die Richtungsabhängigkeit spielt auch für die Gefährdung der Rillinien-Umgebung eine Rolle. Hier sollte die Biegefestigkeit des Materials erhalten bleiben, aber es ist nicht zu vermeiden, daß beim Zusammendrücken der Wellen auf der Rillinie auch die angrenzenden Wellenteile beschädigt werden. Die Mindestbreite der Rillung ist durch die erforderliche Gelenkbreite gegeben, damit nach 180°-Faltung die Flanken aufeinanderliegen. Bei der Rillung im Slotter ist zusätzlich die Riffel-

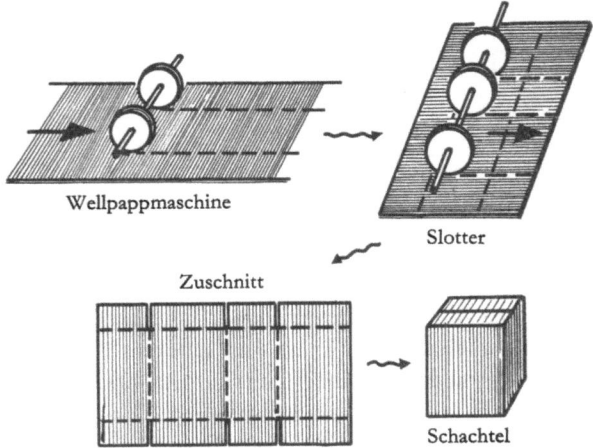

Abb. 24 Zur Richtungsabhängigkeit der Rillinien

teilung zu berücksichtigen, da ja die Rillinienmitte auf einem Wellenberg oder Wellental zu liegen kommen kann.

Nebenbei sei auf die Faltvorbereitung der Wellpappe durch Ritzen hingewiesen. Sie findet bei der Herstellung von Wellpappeeinlagen Verwendung. Die Wellpappe wird bis auf die untere Decke durchgetrennt, die meist eine sehr hohe Faltfestigkeit (»Falzzahl«) hat. Zusammen mit der exakten Maßgenauigkeit sind ideale Faltbedingungen gegeben. Leider ist das Verfahren nicht ohne weiteres für die Herstellung von Versandschachteln brauchbar, da die offenen Schnittkanten einen zusätzlichen Schutz durch Klebstreifen erforderlich machen.

Für Laboratoriumsversuche kann man sich auf das rotierende »Rillendrücken« beschränken, wobei die Rillscheibenmaße einerseits den industriellen Verhältnissen anzugleichen sind, andererseits genügend Spielraum für systematische Untersuchungen bieten müssen. Die in Abb. 25 gezeigte Versuchsmaschine hat eine Arbeitsbreite von 490 mm und Rillgeschwindigkeiten, die zwischen 23 und 58 m/min einstellbar sind. Die Rillkörper entsprechen der industriellen Aus-

Abb. 25 Versuchs-Rillmaschine

führung; außerdem ist ein Quetschwalzenpaar vorgesehen. Rillscheiben- bzw. Quetschwalzen-Abstand sind durch Schrauben fein einstellbar. Die Abb. 26 läßt erkennen, daß diese Abstandseinstellung nicht nur den Betrag der Flachstauchung bestimmt, sondern auch je nach dem Rillscheibenprofil größere oder kleinere Streifenbreiten der Außenlagen durch Reibung fixiert, während dazwischen liegende Teile frei gespannt sind. Wegen der großen Bedeutung der Stellung von Welle zu Profil sind die Prüfstücke durch seitliche Begrenzungen genau geführt.

Das **Profil der Rillscheiben** wird aus dem Angebot der Maschinenfabriken auf Grund von Versuchen an den in Frage kommenden Wellpappesorten [24] ausgewählt. Eine erste Einordnung kann nach den Bezeichnungen in Abb. 27 versucht werden [25]. Die einfache V-Rillung kommt im Slotter, die doppelte V-Rillung auf der Maschine für übliche Wellpappe dreifach (»doppelseitige Wellpappe«) in Frage, insbesondere für Feinwelle und gute Deckpapiere. Die Dreipunkt-Rillung hat ein breites Anwendungsfeld für verschiedene Wellpapparten, quer und längs zur Riffelung. Beim Falten kommt die einfache Rillinie innen zu liegen. Die Fünf-Punkte-Rillung verformt einen sehr breiten Bereich, was bei Wellpappe fünffach (»Doppel–Doppel«) angebracht sein kann. Im einzelnen sind noch die Krümmungsradien des Profils und eventuelle Kantenwinkel anzugeben. Diese Winkelangabe hat allerdings nur bei scharfen, nicht abgenutzten Kanten Sinn.

Auf Grund einer sehr sorgfältigen Meßreihe [26] kann man genaueren Einblick in die Wirkungsweise des Werkzeugs auf die Wellpappe gewinnen. In den Skizzen der Abb. 28 erkennt man die vorher genannten Grundformen wieder, die aber durch scharfe Kanten in bestimmterer Weise die Angriffspunkte auf der Wellpappe erfassen, als es Reibungskräfte an Abrundungen tun können. Dabei ergeben sich für die Wellpappe

a) Dehnungen und Biegungen der Decklagen zwischen zwei Werkzeugkanten und außerhalb der äußeren Werkzeuggrenzen und
b) Verquetschen und Knicken der Wellen, teils unmittelbar durch die Rillscheiben, teils durch Spannungen der Decken.

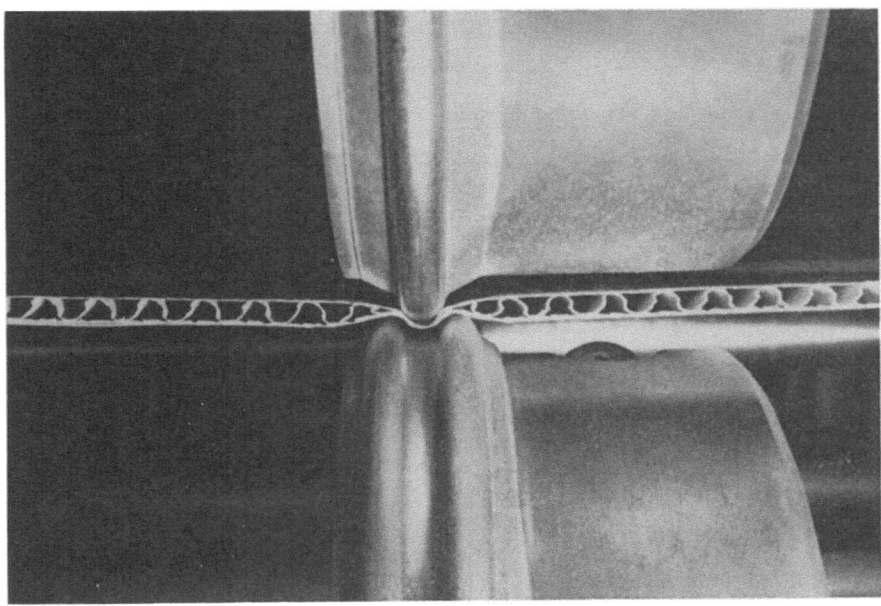

Abb. 26   Probeneinlauf in ein Rillscheibenpaar

Auch bei Wellpappen besteht zunächst eine Materialgefährdung während der Faltvorbereitung, nämlich durch Zerreißen der Decklagen bei Überdehnung. Die spätere Faltung muß ohne neue Deckenrisse geometrisch sauber begrenzt und geradlinig möglich sein.

Die Auswertung von **Rillversuchen** mit verschiedenen Profilen kann von statistischen Erfolgskurven ausgehen, die die Häufigkeit einwandfreier Rillung in Abhängigkeit vom Rillscheibenabstand darstellen. Der Rillkörperabstand beeinflußt Flächenstauchung und seitliche Führung des Materials durch Flächenreibung, ermöglicht also, diese kontinuierlich zu ändern. Die kritischen Abstände, bei denen neue Verformungsverhältnisse beginnen, zeigen sich in den Kurven im

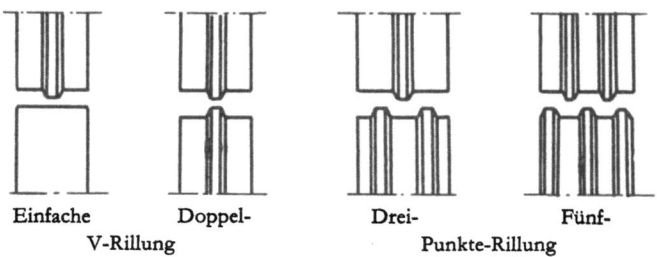

Einfache   Doppel-   Drei-   Fünf-
V-Rillung   Punkte-Rillung

Abb. 27   Schema von Rillkörper-Formen

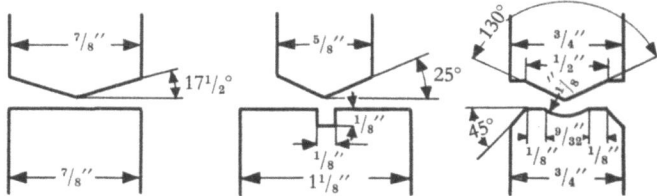

Abb. 28   Verschiedene Versuchs-Rillprofile

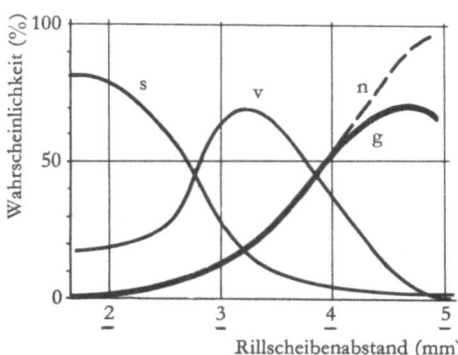

Abb. 29   Diagramm über den Ausfall von Rillversuchen
    s   sofortiger Einriß
    v   verzögerter Rißbeginn
    n   nicht eingerissen, davon
    g   gut, auch nach 180°-Faltung

Wechsel der Gefahrenstellen an. Am Beispiel einer doppelseitigen Schrenzwellpappe mit Halbzellstoffwelle kann das erläutert werden (Abb. 29). Für verschiedene Rillabstände wurden je etwa 20 Versuchsstücke geprüft [27] und in Prozenten angegeben, welche Stücke sofort aufrissen, welche erst einige Zeit nach Beginn der Rillung einrissen und welche fehlerfrei blieben. Der Prozentsatz der letzten Gruppe steigt bei zunehmendem Rillscheibenabstand. Prüft man anschließend die nichteingerissenen Proben durch eine 180°-Faltung, so reißen die Außenlagen nach zu schwacher Rillung. Das Diagramm läßt den zweckmäßigsten Abstand erkennen. Der mehr oder weniger schroffe Übergang zwischen den einzelnen Bereichen weist auf den Einfluß der zufälligen Lage der Welle unter dem Rillprofil hin. Die Häufigkeitskurven erfassen also nicht nur statistische Schwankungen der Materialqualitäten, sondern auch die Zufälligkeiten der Werkzeugeinwirkung. Die Beurteilung des Verhaltens beim Falten kann eigentlich nur von der jeweils vorgesehenen Verarbeitungsweise ausgehen: einerseits wird z. B. die 180°-Faltung vermeidbar sein, andererseits kann sie aber auch durch hohe Geschwindigkeiten und Flächendrücke in der Faltschachtelklebemaschine besonders schwerwiegend sein.

Die Geradlinigkeit und Gleichförmigkeit der Faltkanten entzieht sich der zahlenmäßigen Beurteilung. In solchen Fällen bleibt die Benotung durch Vergleich mit Standardmustern. Je nach dem praktischen Bedürfnis begnügt man sich mit einfacher »Gut«–»Schlecht«-Unterscheidung, oder man gliedert nach verschiedenen Gesichtspunkten auf, z. B.:

a) Geradlinigkeit der einzelnen Rillinien,
b) Parallelität benachbarter Rillinien,
c) Krümmungsradien der Außendecken an den Kanten,
d) Schwankungen dieser Krümmungsradien,
e) Beeinträchtigung der Flächenebenheit neben den Kanten.

Es ist eine Frage der Organisation der Betriebsmeßtechnik und Fertigstückbewertung, daß solche statistische Richtwerte ohne besonderen zusätzlichen Arbeitsaufwand bereitgestellt werden.

7. Mehrstufige Wellpapp-Rillung

Die **Maßverhältnisse** der fertigen Rillinie ist vor der Wahl von Rillwerkzeugen an Handmustern durchzudenken. Hieraus ergibt sich das **anzustrebende Ziel**. Insbesondere bei vielfachen Wellpappen ist die technische Aufgabe der »besten« Rill- und Faltform nicht eindeutig, und man wird der hier angegebenen Überlegung nur grundsätzlich verpflichtet sein. Man kann z. B. davon ausgehen, daß die Verformung der unteren und der oberen Decke die gleiche Breite erfaßt (Abb. 30). Wenn weiter eine 180°-Faltung möglich sein soll, ohne außerhalb der Bearbeitungsbreite eine Verformung zuzulassen, dann ergibt sich:

Bearbeitungsbreite $B = 2 \cdot$ Wellpappendicke D
  $+ 4 \cdot$ Summe aller Lagendicken Σd.

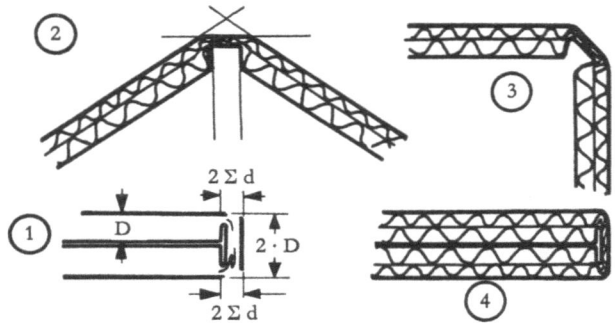

Abb. 30   Planung, Rillung, 90°- und 180°-Faltung

Der Faktor $f = 4$ bringt zum Ausdruck, daß die inneren Lagen nicht glatt aufeinander liegen können ($f = 2$), sondern sich vielfach, aber abgesehen von der Innendecke nicht immer ($f = 6$), selbst überlappen. Die Innendecke ist am 1. und 3. Viertel von B nach innen zu knicken. Der Raum zwischen der gefalteten Innen- und der gekrümmten Außendecke muß für die Zwischenlagen ausreichen, also

$$D - \frac{B}{4} = D - \frac{2D + 4\Sigma d}{4} = \frac{D}{2} - \Sigma d > \Sigma d$$
$$D > 4 \Sigma d.$$

Diese Forderung enthält zwar wegen der Vernachlässigung der möglichen Abrundungen eine kleine Reserve, ist aber dennoch bei Fein- und Feinstwellen nicht immer erfüllt. Man kann dann die 180°-Faltung nicht durch eine einzige Rillinie erreichen, sondern muß die Aufteilung in zwei eng parallellaufende Rillinien wählen. Die hier angenommene Art der Faltvorbereitung führt zu einer beträchtlichen Scharnierbeweglichkeit bei völligem Fehlen der für gestauchte Vollpappen typischen Kantensteifigkeit durch die rohrförmige Wulst–Außenlagen-Bildung. Für die weitere Entwicklung ist wichtig, inwieweit durch andere Werkzeuge günstigere Formen erzielt werden. Im Beispiel der Abb. 30 genügt das Eindrücken der Außendecke in der Mitte im gefalteten Zustand und die scharfe Rillung der Innendecke an den beiden Knickstellen.

Im Vergleich zur Faltvorbereitung von Vollpappen fällt auf, daß die Rillkräfte sehr »oberflächlich« angreifen und ihre ersten Folgen ganz von der **Reaktion des Wellpappenaufbaus** abhängen. Man ist also in der schwierigen Lage, nicht allzu viel Variationsmöglichkeiten im Werkzeugeinfluß einsetzen zu können und einen erheblichen Einfluß der Werkstoffeigenschaften berücksichtigen zu müssen. Als Beispiel für Werkzeuganpassung sei erwähnt, daß die einfachste der in Abb. 28 skizzierten Profile mit verschiedenen Winkeln, Abrundungsradien und vor allem gummi-elastischen Gegenflächen hergestellt werden kann. Die sichere Reibungshaftung zwischen der unteren Wellpappendecke und dem entsprechend nachgiebigen und seitlich dehnfähigen Gummibelag verteilt die Krafteinwirkung. Diese Unterstützung der Decklagen wird bei empfindlichen Schrenzpapieren auf steifen Halbzellstoffwellen erforderlich, man erreicht das Flachdrücken der Welle ohne wesentliche Zug- und Biegebeanspruchung der Decken.

Gegenüber allen Vollpappe-Rillungen unterscheidet sich die Wellpapp-Rillung auch durch das Fehlen jeder Lagenspaltung. Eine analoge Wulstbildung würde das Lösen der Verklebung zwischen Wellen und Decken voraussetzen. Theoretisch könnte man die Vorbereitung besonderer Trennschichten in dicken Wellen oder Deckenkartons, insbesondere der Zwischendecke, planen, praktische Versuche sind jedoch nicht bekannt geworden. Wenn trotzdem gelegentlich Wellpappenzuschnitte im REMUS-Verfahren und Feinstwellen mit dem Patentrillapparat mit Erfolg verarbeitet wurden, so handelte es sich doch um technologisch abweichende Verfahren. Der Nutzen liegt nicht in der Stauchung und Lagenlockerung, sondern in dem genau einstellbaren, sicheren Werkzeugzugriff. Zähe Decklagen und weiche, d. h. am einfachsten relativ feuchte Wellen erleichtern diesen Weg.

Mit größerer Aussicht bemüht man sich um die **Aufteilung der Rillung** in mehrere Stufen, was beliebige Kombinationen erlaubt. Beispielsweise kann die Rillung mit elastischer Gegenfläche nacheinander mit verschiedenen Winkeln und Gummihärten durchgeführt werden. Eine einfache Rillvorbereitung ist, Streifen zwischen zwei zylindrischen Walzen vorzuquetschen und dort den Flächendruck-Widerstand bei der nachfolgenden Profilrillung herabzusetzen. Soweit die Druckschlitzer mit Faltschachtelklebemaschine gekoppelt sind, liegt es nahe, die Mehrstufigkeit über beide Maschinen auszudehnen. Wie schon die Vorbrechstationen in Faltschachtelklebemaschinen für Kartonzuschnitte beweisen, kann zwischen die erste Faltvorbereitung und die eigentliche Faltung ein Zusatzelement eingebaut werden, das sogar den Abpackmechanismus unterstützt. Für Wellpappe scheint sich die Kantenvorformung ebenfalls leichter in Zusammenhang mit dem ersten Umlegen der Flächen erreichen zu lassen als bei dauerndem Flachliegen des Zuschnitts.

Dr.-Ing. habil. HANS KLINGELHÖFFER

Literaturverzeichnis

[1] GORDON, G. A., D. J. HINE und J. H. YOUNG, Paper and board in packaging. Oxford–London–New York–Paris 1963.

[2] KORN, R., und F. BURGSTALLER, Papier- und Zellstoff-Prüfung. 2. Aufl., Berlin–Göttingen–Heidelberg 1953, S. 225.

[3] NOWOTNY, H., Verschleiß – ein physikalisch-chemisches Problem. Öst. Ing. Arch. **10**, 232–239 (Nr. 2/3, 1956). – KLINGA, L. O., und E. L. BACK, Fiber building board variables influencing the wear of cutting tools. Svensk Papperstidn. **67**, 309–316 (Nr. 8, 1964).

[4] NAUMANN, R., Die Instandhaltung von Maschinen und Anlagen in der papierverarbeitenden Industrie. Papier und Druck (Buchbinderei und Papierverarbeitung) **12**, 156/157 (H. 10, 1963).

[5] HESSE, F., und H.-J. TENZER, Grundlagen der Papierverarbeitung. Band 2, Arbeitsverfahren der Papierverarbeitung. Leipzig 1963.

[6] KLINGELHÖFER, H., Wirkungsweise des Patent-Rillaparats. Allg. Papier-Rdsch. 1965, H. 16, S. 1060.

[7] KLINGELHÖFER, H., Die Kennzeichnung der Verarbeitbarkeit von beschichteter Vollpappe. Allg. Papier-Rdsch. 1964, H. 21, S. 1490–1493.

[8] KLINGELHÖFER, H., Lagenfestigkeit von Vollpappen. Allg. Papier-Rdsch. 1962, H. 21, S. 1112.

[9] BRYNHILDSEN, H. O., I. OLSSON og L. PIHL, Studier over kartongs bigbarhet. Svensk Papperstidn. **56**, 328–337 (No. 9, 1953).

[10] BRYNHILDSEN, H. O., The creasing of board. Norsk Skogindustri 1954, H. 4, 125–136.

[11] HEYDORN, F., Rillen von Karton mit Prüfzange. Allg. Papier-Rdsch. 1962, H. 2, S. 71.

[12] HINE, J., Die Forschung der PATRA auf dem Gebiet der Kartonagenherstellung. Verpackungs-Rdsch. 1959, H. 3, B 17–21. – LEWIS, R. L., C. G. ECKHART and A. T. LUEY, The BRDA scoreability tester. TAPPI **43**, 244–247 A (No. 5, 1960).

[13] HINE, D. J., Zur Prüfung der Rillbarkeit von Vollpappen. Verpackungs-Rdsch. 1965, H. 6, B 43–47. – HEYDORN, F., Werkstoffeinfluß auf die Stauchfähigkeit von Pappen. Allg. Papier-Rdsch. 1962, H. 18, S. 974. – HEYDORN, F., Kennlinien für die Stauchfähigkeit von Pappen. Allg. Papier-Rdsch. 1963, H. 10, S. 31.

[14] KLINGELHÖFER, H., Zulässiger Rillinien-Abstand. Allg. Papier Rdsch. 1963, H. 21, S. 1214. – HALLADAY, J. F., und R. W. K. ULM, Creasing and bending of folding boxboard. Paper Trade J. (Techn. Ass. Sect.) **118**, 36–40 (1939).

[15] PARIS, P., Biegen und Rotierend-Biegen. Allg. Papier-Rdsch. 1952, H. 22, S. 992 bis 995; H. 23, S. 1025–1027.

[16] Nach internem Bericht für »Verband Versand-Kartonagen e. V. (VVK)«, Heidelberg.

[17] BISCHOFF, E., Zur Problematik der Festigkeitsprüfung von Versandpackungen, in: »Packstoffe und Verpackung«, hrsg. vom Institut für Lebensmitteltechnologie und Verpackung. S. 211–232, Baden-Baden und Frankfurt (Main) 1959.

[18] HEYDORN, F., Schachtelstauchversuch als Fabrikationstest. Allg. Papier-Rdsch. 1962, H. 5, S. 242.
[19] PARIS, P., Belastungsversuche an Stülpdeckelschachteln aus Vollpappe. Zucker- und Süßwaren-Wirtschaft 1957, Nr. 20.
[20] MÜHLENBEIN, K.-J., Kritische Betrachtung der neuen Stauchwiderstands-Formel von McKee, Gander und Wachuta für Wellpappe-Faltkisten. Verpackungs-Rdsch. **15**, B. 25–29 (H. 4, 1964).
[21] KLINGELHÖFFER, H., Knicklast von Pappen. Allg. Papier-Rdsch. 1963, H. 5, S. 229.
[22] KLINGELHÖFFER, H., Rillen von Wellpappe. Allg. Papier-Rdsch. 1963, H. 16, S. 912.
[23] GAULT, A. C., How Hoerner eliminates cracked scores by controlling plant humidity. Fibre Containers 1958, July, S. 39/40.
[24] WITT, D., Transport-Verpackung aus Wellpappe. 2. Aufl., Verpackungswirtschaftliche Schriftenreihe aus Forschung und Praxis. H. 12, Berlin-Grunewald 1961. – STOBBE, O., Wellpappen-Handbuch. Frankfurt (Main) 1963
[25] WERNER, A. W., und L. W. ROSELIUS, Corrugated fibrebox manufacturer's handbook. Rev. edit. New York 1957.
[26] MCKEE, R. C., und F. J. ALTMANN, Comparative evaluation of panel or body creasing wheel contours. TAPPI **39**, 503–514 (No. 7, 1956).
[27] Nach Studienarbeit am O. v. Miller-Polytechnikum, München, von Papieringenieur Kl. Rüger.

FORSCHUNGSBERICHTE
DES LANDES NORDRHEIN-WESTFALEN

Herausgegeben im Auftrage des Ministerpräsidenten Dr. Franz Meyers
von Staatssekretär Prof. Dr. h. c. Dr.-Ing. E. h. Leo Brandt

DRUCK · FARBE · PAPIER · PHOTOGRAPHIE

HEFT 155
Dipl.-Phys. K. H. Schirmer, Deutsche Gesellschaft für
Forschung im graphischen Gewerbe e. V., München
Die auf Grau abgestimmte Farbwiedergabe im
Dreifarbenbuchdruck
1955. 33 Seiten, 17 Abb., 2 Farbtafeln. DM 10,—

HEFT 169
Forschungsinstitut für Pigmente und Lacke, Stuttgart
Leiter: Prof. Dr. rer. nat. Karl Hamann
Arbeiten über die Bestimmung des Gebrauchswertes von Lackfilmen durch physikalische Prü-
fungen
1955. 58 Seiten, 23 Abb., 4 Tabellen. DM 15,—

HEFT 192
Dipl.-Phys. E. M. Schneider, München
Kohlebogenlampen für Aufnahme und Kopie
1955. 48 Seiten, 21 Abb., zahlr. Tabellen. DM 10,60

HEFT 193
Prof. Dr. phil. Otto Schmitz-Du Mont, Bonn
Untersuchungen über neue Pigmentfarbstoffe
1955. 37 Seiten, 16 Abb., 8 Tabellen. DM 11,20

HEFT 574
Dr.-Ing. habil. Hans Klingelhöffer,
Papiertechnische Stiftung, München
Trocknungsvorgänge beim Beschichten von Papier
und Pappen mit Kunststoffdispersionen
1958. 34 Seiten, 14 Abb., 1 Tabelle. DM 11,90

HEFT 922
Dr. Werner Funke und Dipl.-Chem. Walter Kleinmann,
Forschungsinstitut für Pigmente und Lacke e. V., Stuttgart
Bestimmung des Gebrauchswertes von Lacken
durch Anwendung physikalischer Prüfungsmetho-
den
1960. 60 Seiten, 30 Abb., 1 Tabelle. DM 18,70

HEFT 973
Dipl.-Ing. Otto Schwab,
Papiertechnische Stiftung, München
Untersuchungen über Vinylidenchlorid-Acrylsäure-
ester-Mischpolymerisate
1961. 28 Seiten, 12 Abb., 3 Tabellen. DM 9,30

HEFT 1206
Prof. Dr. Fritz Micheel, Dr. Helmut Schweppe,
Dr. Paul Albers, Dr. Wolfgang Schminke und
Dr. Wilhelm Leifels, Organisch-chemisches Institut
der Westf. Wilhelms-Universität Münster
Papierchromatographische Trennung hydrophober
Substanzen mit Cellulose-Ester-Papieren
Prof. Dr. Fritz Micheel, Siegfried Thomas, Horst Haneke
und Dr. Walter Meckstroth, Organisch-chemisches Institut
der Westf. Wilhelms-Universität Münster
Ein neues Verfahren zur Peptid-Synthese. Oxazoli-
donverfahren
1963. 55 Seiten, 29 Abb., 10 Tabellen. DM 29,80

HEFT 1277
Dr. rer. nat. Otto Huber,
Papiertechnische Stiftung, München
Schnellmethode zum Aufschluß anorganisch-mine-
ralischer Bestandteile in Papier, nativen Fasern, Zell-
stoff und technischen Produkten
1964. 38 Seiten, 13 Abb., 6 Skizzen im Anhang.
DM 26,40

HEFT 1282
Dipl.-Ing. Heinz Mack,
Papiertechnische Stiftung München
Chemisch-technische Grundlagen der Aufbereitung
von kunststoffhaltigem Altpapier. Teil A und B
1964. 61 Seiten, 10 Abb. DM 29,80

HEFT 1361
Dr. rer. nat. Ulrich Zorll, Forschungsinstitut für
Pigmente und Lacke e. V., Stuttgart
Leiter: Prof. Dr. Karl Hamann, Stuttgart
Ein Torsionsschwingungsgerät zur Bestimmung
viskoelastischer Kerngrößen von Anstrichfilmen
1964. 41 Seiten, 15 Abb. DM 19,50

HEFT 1521
Prof. Dr. phil. habil. Johannes Albrecht,
Dipl.-Chem. Dr. rer. nat. Maximillian Heigl
Deutsche Gesellschaft für
Forschung im Graphischen Gewerbe e. V., München
Untersuchungen über die rationale Herstellung von
Tiefdruckformen
1965. 55 Seiten, 13 Abb., 9 Tabellen. DM 24,—

HEFT 1523
*Prof. Dr. phil. habil. J. Albrecht,
W. Rehner, B. Wirz,
Deutsche Gesellschaft für
Forschung im Graphischen Gewerbe e. V., München*
Ermittlung einer optimalen Wasserführung zur Steigerung der Leistungsfähigkeit des Offsetdruckes
In Vorbereitung

HEFT 1565
*Dr. rer. nat. Ulrich Zorll
Forschungsinstitut für Pigmente und Lacke e. V.,
Stuttgart
Leiter: Prof. Dr. Karl Hamann*
Methode zur Messung des »Verlaufs« von flüssigen Anstrichschichten
1965. 45 Seiten, 25 Abb. DM 23,80

HEFT 1670
*Dr.-Ing. habil. Hans Klingelhöffer,
Papiertechnische Stiftung, München*
Kräfte und Bewegungsgesetze der laufenden Papierbahnen

HEFT 1679
*Dr.-Ing. habil. Hans Klingelhöffer,
Papiertechnische Stiftung, München*
Die Faltvorbereitung von ein- und mehrlagigen Vollpappen und die Rillung von Wellpappen
Chemisch-technische Grundlage der Aufbereitung von kunststoffhaltigem Altpapier
2. Teil: Kunstfaserpapiere

Verzeichnisse der Forschungsberichte aus folgenden Gebieten können beim Verlag angefordert werden:
Acetylen/Schweißtechnik – Arbeitswissenschaft – Bau/Steine/Erden – Bergbau – Biologie – Chemie – Druck/Farbe/Papier/Photographie – Eisenverarbeitende Industrie – Elektrotechnik/Optik – Energiewirtschaft – Fahrzeugbau/Gasmotoren – Fertigung – Funktechnik/Astronomie – Gaswirtschaft – Holzbearbeitung – Hüttenwesen/Werkstoffkunde – Kunststoffe – Luftfahrt/Flugwissenschaften – Luftreinhaltung – Maschinenbau – Mathematik – Medizin/Pharmakologie – NE-Metalle – Physik – Rationalisierung – Schall/Ultraschall – Schiffahrt – Textilforschung – Turbinen – Verkehr – Wirtschaftswissenschaften.

WESTDEUTSCHER VERLAG · KÖLN UND OPLADEN
567 Opladen/Rhld., Ophovener Straße 1-3

MIX
Papier aus verantwortungsvollen Quellen
Paper from responsible sources
FSC® C105338

If you have any concerns about our products,
you can contact us on
ProductSafety@springernature.com

In case Publisher is established outside the EU,
the EU authorized representative is:
**Springer Nature Customer Service Center GmbH
Europaplatz 3, 69115 Heidelberg, Germany**

Printed by Libri Plureos GmbH
in Hamburg, Germany